D1763786

வளரும்

அறிவியல் களஞ்சியம்

மயில்சாமி அண்ணாதுரை

இ.கே.தி. சிவகுமார்

சிக்ஸ்த்சென்ஸ் பப்ளிகேஷன்ஸ்

10/2 (8/2) போலீஸ் குவார்ட்டர்ஸ் சாலை
(தி.நகர் பேருந்து நிலையத்திற்கும்
காவல் நிலையத்திற்கும் இடைப்பட்ட சாலை)
தி.நகர், சென்னை – 600 017
தொலைபேசி : 2434 2771, 65279654
e-mail : sixthsensepub@yahoo.com

ஆசிரியர்
மயில்சாமி அண்ணாதுரை
இ.கே.தி. சிவகுமார்
முதற்பதிப்பு
செப்டம்பர் 2012
பக்கங்கள்: 176 + 4 வண்ணப் பக்கங்கள்
விலை: ரூ.125

சிக்ஸ்த்சென்ஸ் பப்ளிகேஷன்ஸ்
10/2 (8/2) போலீஸ் குவார்ட்டர்ஸ் சாலை
(தி.நகர், பேருந்து நிலையத்திற்கும் காவல்
நிலையத்திற்கும் இடைப்பட்ட சாலை)
தி.நகர், சென்னை – 600 017
தொலைபேசி : 2434 2771, 65279654.

மின்னஞ்சல்
sixthsensepub@yahoo.com

இந்தப் புத்தகத்திலுள்ள எந்த ஒரு
பகுதியையும் பதிப்பாளர் மற்றும்
ஆசிரியரின் அனுமதியை எழுத்து மூலம்
பெறாமல் பதிப்பிக்கக் கூடாது.

Author:
Mylswamy Annadurai
E.K.T. Sivakumar

Publisher:
K.S. Pugalendi

Address:
Sixthsense Publications
10/2(8/2) Police Quarters Road,
(Between T.Nagar Bus Stop &
Police Station)
T.Nagar, Chennai - 17
Phone: 2434 2771, 65279654

Sixthsense Publications
6 th sense_karthi
e-mail : sixthsensepub@yahoo.com

Edition:
First : September 2012

No part of this book may be
reproduced or transmitted in any
form without permission in writing
from the author or publisher

Layout:
M.Magesh

Price:
Rs.125

அச்சிட்டோர் :
கணபதி பிராசஸ், சென்னை-5.

பதிப்புரை

ஒளியினுடைய பயணத்தின் உச்சத்தில் - இறுதியில் இருள் மறைந்திருக்கிறது. ஓர் ஒளிக்கீற்று தன் உச்ச வேகமான விநாடிக்கு 3×10^8 மீ/வி வேகத்தில் பயணித்தாலும் அதைப் பூச்செண்டு கொண்டு வரவேற்றுக் கொண்டே பின்னோக்கிச் சென்று வெளிச்சம் ஓரிடத்தைக் கடந்து சென்றதும் அந்தப் பாதையை மீண்டும் ஆக்ரமித்துக் கொண்டே செல்கிறது இருள். இயற்கையின் இந்த முடிவில்லா விளையாட்டுதான் இந்தப் பிரபஞ்ச இயக்கத்தை உயிர்ப்புடன் வைத்திருக்கிறது.

விஞ்ஞானத்திற்கும் மெய்ஞ்ஞானத்திற்கும் இடையே நடக்கும் போராட்டம்தான் இந்தப் பிரபஞ்சத்தை இன்னும் சமநிலையுடன் இருக்க வைத்துக் கொண்டிருக்கிறது.

இருள் இல்லையேல் ஒளிக்கு அங்கே தேவையிருக்கப் போவதில்லை. அதேநிலைதான் விஞ்ஞானத்திற்கும் மெய்ஞ்ஞானத்திற்கும். அறிவியல் விரிந்து பரந்து வீரியத்துடன் முன்னோக்கிப் பயணித்துக் கொண்டிருந்தாலும், மெய்ஞ்ஞானத்தை புரிந்து கொள்ளவும் உணர்ந்து தெளியவும் செய்யப்படும் முயற்சியாகவே அதை எடுத்துக் கொள்ள வேண்டியிருக்கிறது.

பல்லாயிரம் ஆண்டுகளுக்கு முன்னரே நம் நாட்டில் வாழ்ந்த புலவர்களும், பண்டிதர்களும், பல்துறை அறிவுபெற்ற மகான்களும் பாடல்களாக, வைத்தியக் குறிப்புகளாக, வாய்வழிச் செய்திகளாக விட்டுச்சென்ற அறிவியல் கருவூலங்களின் அருமையை நாம் இன்னும் உணரவில்லை. ஆனால் வேற்று நாட்டவர்கள் அவற்றைத் தேடிக் கண்டுபிடித்து, ஒழுங்குபடுத்தி தங்கள் சொந்தக்

கண்டுபிடிப்புகள் போன்று வெளிஉலகிற்கு அறிமுகப்படுத்து கிறார்கள்.

நம்முடைய இளைய சமுதாயமும் உண்மைநிலை தெரியாமல் அதை வேலை வாய்ப்பிற்காக வேறு வழியின்றிப் படித்துக் கொண்டிருக்கிறது.

இந்த நிலை மாற வேண்டும். அதற்கு இந்தியாவின் விஞ்ஞான மற்றும் மெய்ஞ்ஞான பலங்கள் என்னென்ன என்பது பதிவு செய்யப்பட வேண்டும். அத்தகைய ஒரு ஆவணமாக இந்த நூலைக் கருதுகிறோம்.

"நான் இன்று ஓரளவு இந்திய அறிவியலில் சாதித்திருக்கிறேன் என்றால் அதற்கு முழுக் காரணமும் எனது உயர் கல்வியே. அதுவும் எனக்குக் கிடைக்கக் காரணம் முழுக்க முழுக்க அரசாங்க உதவிப் பணம்தான். அதை ஒரு நன்றியுடன் எண்ணிப் பார்த்து, என்னால் முடிந்த அளவு அடுத்த தலைமுறைக்கு உதவ முயல்கிறேன்.

ஏழை, பணக்காரன் என்ற ஏற்றத்தாழ்வை விட படித்தவன், படிக்காதவன் என்ற ஏற்றத்தாழ்வே மோசமென்று நான் நினைக்கிறேன்" என்று சொல்லும் மனிதநேய உள்ளம் கொண்ட முனைவர் மயில்சாமி அண்ணாதுரை அவர்கள் சனி, ஞாயிறு இரு நாட்களையும் மாணவர்களுடன் செலவிடும் வழக்கத்தைக் கொண்டிருக்கிறார்கள். அவர்கள் எழுதிய பல அரிய அறிவியல் கட்டுரைகளும், எழுச்சி மிக்க இந்தியாவைக் காண விரும்பி மாணவர் சமுதாயத்திற்காக எழுதிய கட்டுரைகளும் இந்த நூலில் இடம் பெற்றிருக்கின்றன. அவர்களுக்கு எங்கள் இதய நன்றி.

வளரும் அறிவியலின் ஆசிரியரான முனைவர் இ.கே.தி. சிவகுமார் அவர்கள் சமூக மற்றும் கல்விச் சேவைகளில் ஈடுபட்டு பல விருதுகளைப் பெற்றவர். அவர் எழுதிய அறிவியல் கட்டுரைகளும் இதில் இடம் பெற்றுள்ளன. வளரும் அறிவியல் இதழில் வெளிவந்த கட்டுரைகள் பலவற்றை தொகுத்து நூலாக வெளியிட அனுமதித்தமைக்கு அவருக்கு எங்கள் மனமார்ந்த நன்றி.

மாணவ சமுதாயம் இதைப் படித்து பயனடையும் என்று நம்புகிறோம்.

சு. புகழேந்தி
கார்த்திகேயன் புகழேந்தி

பொருளடக்கம்

1. இந்தியாவின் நிலவுப் பயணங்கள் - 7
2. வளரும் அறிவியலும் இந்தியாவும் - 13
3. மாணவர்களின் செயற்கைக் கோள் - 19
4. அறிவியலில் நாம் உயர அனைவருக்கும் உயர் கல்வி - 23
5. வானை அளப்போம் - 27
   ஒரே வானில் இரண்டு சூரியன்கள் - 30
6. செயற்கைக் கோள் சூரிய சக்தி - 31
   வீட்டிலேயே மின்சாரத்தை உற்பத்தி செய்யலாம் - 34
7. செவ்வாய்க் கிரகப் பயணம் - 35
   விண்வெளியில் விவசாயப் பண்ணை - 38
8. ரிசாட் 1 - 39
   நிலவில் இருந்து மின்சாரம் - 42
9. அடிப்படை அறிவும், அறிவியலின் வளர்ச்சியும் - 43
10. சந்திரயானும் நிலவில் நீர் கண்டுபிடிப்பும் - 47
11. திடக்கழிவுகள் மேலாண்மை - 55
12. உலகம் வெப்பமயமாதலைத் தடுப்போம் பூமியைக் குளிர்விப்போம் - 61
    2012 உலகம் அழியுமா? - 66
13. பசுமை நகரம் - 67
14. கடலில் விவசாயம் - 69
15. நீர்வளம் காப்போம் - 71
    தெரிந்து கொள்வோம்! - 76
16. 'நானோ' உயிர்த் தொழில்நுட்பம் - 77
17. தமிழர் கண்ட மருத்துவத்தில் "நானோ" தொழில்நுட்பம் - 79
18. செராமிக் நானோ இழைகளின் மூலம் திறன் மிக்க நீர் வடிகட்டல் - 83

19.	நேனோ பொருட்கள் ஆபத்தா?	- 85
	நானோ மருத்துவம்	- 88
20.	இரத்தத்தில் கொழுப்பு	- 89
21.	சீரான உணவு முறைகள்	- 95
22.	மாரடைப்பு	- 99
23.	மனம் காக்க மனம்	- 103
24.	சர்க்கரை நோய், நீரிழிவு நோய்	- 107
25.	அனுபவங்கள் ஆனந்தம்	- 111
26.	வளரும் இந்தியாவின் அறிவியல் தொழில்நுட்பம்	- 115
27.	ஒழுக்க வாழ்வே உன்னதமான வாழ்வு	- 119
28.	இன்பமான வாழ்க்கை	- 125
29.	அறிவியல் தொழில்நுட்பமும் ஆன்மீகமும்	- 127
30.	வாழ்க்கை ஓர் எடுத்துக்காட்டு	- 131
31.	நல்ல மகனாக நடந்து கொள்வது எப்படி?	- 133
	ஸ்டெதாஸ்கோப் எப்படி உருவானது?	- 136
32.	நமக்குமேல் ஒருவர்	- 137
	நடந்தால் உருவாகும் மின்சாரம்	- 140
33.	தள்ளிப்போடும் தவறான பழக்கம்	- 141
	அறிந்து கொள்வோம்	- 144
34.	பாராட்டுங்கள்! பாராட்டுங்கள்!!	- 145
	நிலாக்கல்	- 148
35.	நீண்ட வாழ்க்கை	- 149
	அறிந்து கொள்வோம்	- 152
36.	இருவகை துயில் (தூக்கம்)	- 153
	அறிந்து கொள்வோம்	- 156
37.	கவச வாகனங்களின் நீர்நிலை கடக்கும் திறன்	- 157
38.	கடற்கரையில் நிறுவியுள்ள கூடங்குளம் அணு உலைகளில் புகுஷிமா விபத்துகள் போல் நேருமா?	- 161
39.	அணு ஆயுதக் கழிவுகள் அறிவியலில் ஆராய்ச்சி செய்தால் நோபல் பரிசு உங்களுக்கு	- 165 - 168
40.	மூன்றாம் உலகப்போர்	- 169

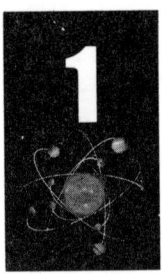

1

இந்தியாவின் நிலவுப் பயணங்கள்

மயில்சாமி அண்ணாதுரை

“**வானநூல் பயிற்சி கொள்**”. பல நூறு ஆண்டுகளுக்குப் பல நூறு அறிவியலாளர்கள் செய்ய வேண்டியதை ஒரு வரியில் சொல்லிவிட்டான் புரட்சிக் கவிஞன் பாரதி.

ஆம், திரும்ப அந்த ஒரு வரியைப் படித்துப் பாருங்கள். பேரண்டத்தின் விரிவாக அது விரிவது தெரியும். காடுகளிலும், மலைகளிலும் வாழ்ந்த மனிதர்களில் ஒரு சிலர், வானத்தை அண்ணார்ந்து பார்த்து நிலவையும், சூரியனையும், கோள்களையும்,

நட்சத்திரங்களையும் அதிசயம் கலந்த அறிவார்ந்த பார்வையால் தனக்கும், தனது சக மனிதனுக்குமான வாழ்க்கைக்கு வழிகாட்ட வழி வகுத்தான். நாழிகை, நாள், வாரம், மாதம், ஆண்டு என்பதற்கான நேரம்காட்டிகளாயின அவை. முதல் பஞ்சாங்கம் வந்ததன் கதை அதுதான். இருக்குமிடத்தில் காலம் காட்டியாகப் பயன்பட்ட வானத்துச் சோதரர்கள் மனிதனின் நீண்ட பயணங்களுக்கு வழிகாட்டினார்கள். துருவ நட்சத்திரத்தின் துணை கொண்டு, கண்டம் விட்டுக் கண்டம் பெயர்ந்த மனிதனின் பயணங்களே இன்று அவனது உலகளாவிய வாழ்விடங்களுக்கு ஆதாரமாயின.

அறிவியல் தொழில் நுட்பம் வளர்ந்தது. தொலைநோக்கிகள் வந்தன. வானத்துக் கோள்களைக் கொஞ்சம் துல்லியமாகப் பார்க்க ஆரம்பித்தான் அடுத்த கட்ட மனிதன். விண்வெளியின் ஆழமும், அகலமும் விரிவது கண்டு வியந்தான். கோள்களின் போக்கும், கிரகணம் போன்ற நிகழ்வுகளும் மெதுவாகப் புரிய ஆரம்பித்தன. புது வகை நூல்களை வானவியல் கண்டது.

புது நூல் படித்தவன் புதுவகை முயற்சிகள் மற்றும் பயிற்சிகள் கொண்டு கோள்களின் பயணங்களைச் சூத்திரங்களில் அடைத்தான். ஆம், கோள்களைப் பார்த்துக் கடவுளாய் வணங்கிய மனிதனின் கூட்டம் ஒதுக்கி, அவற்றின் இயக்கத்திற்கான இயற்கை விதிகளை உணர்ந்தான். வானத்து இயல்பியல் புது இரத்தம் கண்டது. புதுப் புது நூல்கள் புதிதாய் முளைத்தன. இயற்கை விதிகளை உணர, உணர செயற்கையாய் கோள்களைப் பூமியைச் சுற்றிப் பறக்கவிடும் வழிகளை அறிந்தான்.

மேகம் கிழித்து வேகம் கொண்டு விண்வெளி அடைந்த கோள்கள் பலவும் இயற்கையின் உதவியால் பூமிப்பந்தைச் செயற்கையாய்ச் சுற்றின. சூரியனின் ஒளியைத் தன்னில் வாங்கி, இரவில் ஒளிகொடுத்தது பூமிப் பந்தின் துணைக் கோள் நிலவு. இதனை அறிந்தவன், நிலவின் வழியில், செயற்கைக் கோள்கள் கொண்டு மண்ணுக்கு உதவும் நுட்பம் கண்டான். தொலைத் தொடர்பு, தொலைக்காட்சி, தொலைக் கல்வி, தொலை மருத்துவம், பருவ நிலை அறிதல், கடல் வளம் காணல், வங்கிப் பணி, எல்லை காத்தல், நில வளம் அறிதல், நீர் நிலை அளத்தல் எனப் பலவும் செய்ய செயற்கைக் கோள்கள் உதவியாய் வந்தன. இவை பூமிப் பந்தைச் சுற்றி, பூமியைப் பார்க்கும் கோள்கள் கொண்டு மனிதன் செய்தவை.

பூமியை நோக்கிப் பார்ப்பதை விடுத்து, சில செயற்கைக் கோள்கள் அண்டவெளியை ஆழமாய்ப் பார்த்தன. ஆழத்திலும் ஆழத்தில் அண்டவெளி விரியும் விந்தை புதிய நூல்கள் பல முளைக்கக் காரணமாயின. ஆம், நாம் இருக்கும் அன்னை பூமி சூரிய மண்டலத்தில் ஒரு துகள் அளவே. சூரிய மண்டலம் பால்வெளி வீதியில் ஒரு துகள். பால்வெளி வீதியும் விரிந்துள்ள பேரண்டத்தில் ஒரு துகளே.

ஒளி ஒரு விநாடியில் கிட்டத்தட்ட மூன்று இலட்சம் கிலோ மீட்டர் பயணிக்கிறது. ஓராண்டில் ஒளி பயணிக்கும் தூரத்தை ஓர் ஒளியாண்டு என்கிறோம். 1400 கோடி ஒளி வருட எல்லைக்குள் தெரியும் பேரண்டம் அருகிலிருக்கும் படம் காண்பிக்கிறது. நாமிருக்கும் சூரிய மண்டலத்தைப் போன்ற 3000000000000000000000 மண்டலங்களை இது உள்ளடக்கியுள்ளது.

இந்தப் பேரண்டத்தின் ஒரு சிறு பகுதியை மட்டும் எடுத்துப் பார்த்தால்கூட புள்ளியிலும் புள்ளியாய் நமது பால்வெளி தெரிந்தும், தெரியாமலும் உள்ளது.

ஆக, ஒவ்வொரு காலக்கட்டத்திலும் வான்வெளி உண்மைகள் தெரியத் தெரிய, புதுப் புது நூல்கள் புதிதாய் வந்தன. அதனைப் படித்தவன் புதுப் பயிற்சி எடுத்து, புது வழி கண்டு, புதிதாய் ஆய்கையில் இன்னும் புதுமைகள் முகிழ்ப்பதும் விந்தையே. ஆம், இந்தப் பேரண்டத்தில் புதியன புரியப் புரிய, புரியாதவை அதிகம் என்பது புரியப்பட்டிருக்கிறது. அறிவியல் என்பதே கேள்விகளால் முளைத்த பதில்களால் வந்ததே. ஆனால் கேள்விகளுக்கெல்லாம் தாய்க் கேள்வியான, "நாம் வந்தது எங்கிருந்து? வளர்ந்தது எப்படி? நமது முடிவு என்ன? இந்தப் பேரண்டத்தில் நமது உலகத்து உயிர்கள்

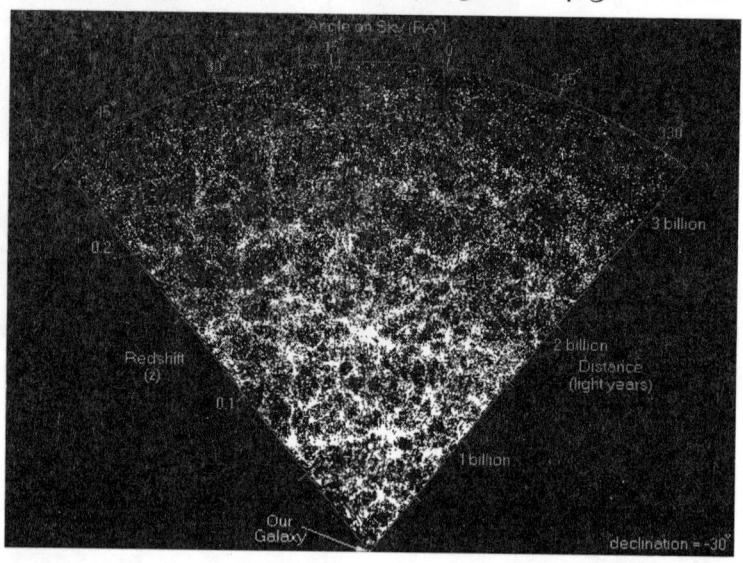

விட்டு வேறெங்கும் உயிர்கள் உண்டா?", என்ற கேள்விகளுக்கு அருகில் செல்வதாய் ஒவ்வொரு கண்டுபிடிப்பும் செல்கிறது.

ஆனால் அருகில் சென்றாலோ இன்னும் விடைகள் தேடிப் போக வேண்டிய தூரம் அதிகம் என்பதை இந்தப் பேரண்டம் உணர்த்துகிறது.

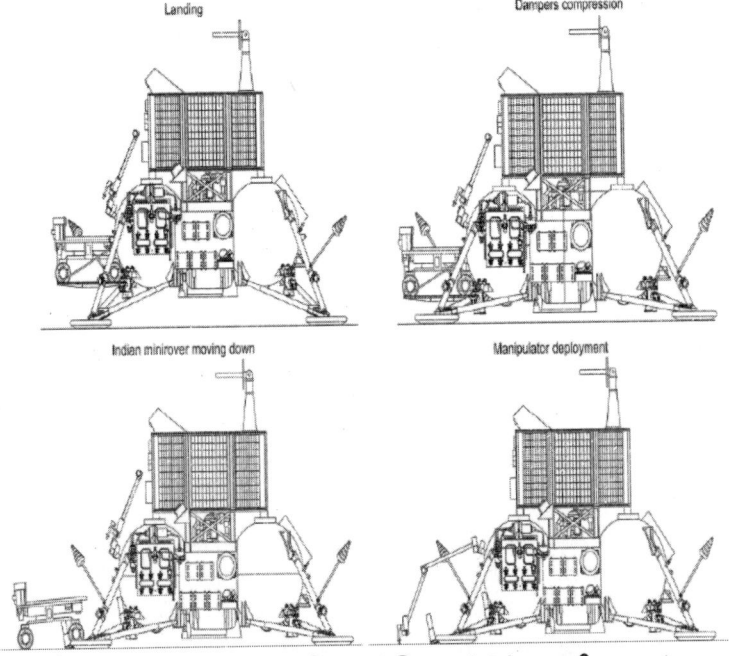

நிலவுப் பரப்பில் சந்திரயான்2ன் பணி

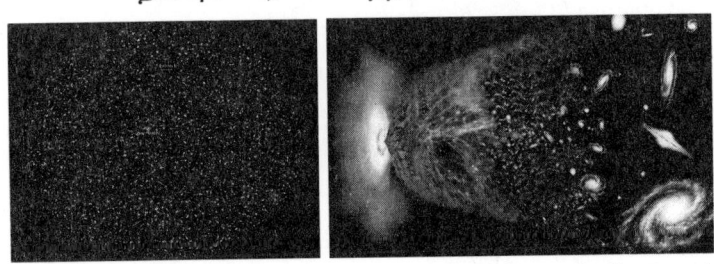

ஆக, பாரதியின் வாக்குப்படி, "வானநூல் பயிற்சி கொள்" என்ற ஓர் அடி, கோடானகோடி ஆய்வுகளை மனித குலம் இன்னும் செய்யவேண்டும் என்பதையும், அதில் நமது பங்கும் இருக்கவேண்டும் என்பதையும் உணர்த்துகிறது. ஆகவே, வானியல் கொண்டு புதிதாய் முளைத்த ஜோதிடம் தவிர்த்து, இந்தப் பேரண்டம்பற்றிய அடிப்படைக் கேள்விகளுக்கு, "வானநூல் பயிற்சி" ஒரு நாள் பதில் கூறும். ஆனால் அந்தப் பதில் கிடைக்க நாளாகலாம். இருந்தாலும் இந்தத் தலைமுறையிலும் நாம் படிப்பாலும், பயிற்சி கொள்வதாலும்

நிறையச் செய்யமுடியும். சந்திரயான் பயணங்கள் அந்த வகையில், "சந்திர மண்டலத்தியல் கண்டு தெளிவோம்" என்ற பாரதியின் வாக்குப்படி "வானநூல் பயிற்சி கொண்டு", நாம் எடுத்திருக்கும் முத்தான முதலடிகள்.

ஆம், சந்திரயான்1, நமது முழுதான முதல் முயற்சியாய் நிலவின் முழுப் பரப்பையும் பதினொரு அறிவியல் கருவிகளின் துணையால் ஆய்ந்தது. நிலவில் நீர் இருப்பதும், காந்த மண்டலம்பற்றிய சமிக்கைகளும், மற்ற தாது வளங்கள்பற்றியும் நம்மால் அறிய முடிந்தது. அடுத்த கட்டமாக இப்போது சந்திரயான்-2ன் திட்ட வேலையில் மும்முரமாக இறங்கியுள்ளோம். அதன்படி 2013ல் நிலவின் துருவப் பகுதியில் நமது களம் ஒன்று இறங்கும். அங்கிருக்கும் கல்லையும், மண்ணையும் எடுத்து ஆராய்ந்து, அங்கிருந்தபடியே நிலவின் பௌதிக, இரசாயனத் தன்மைகள்பற்றி சமிக்கைகளைப் பூமிக்கு அனுப்பும்.

அடுத்த கட்டத்தில் மூன்றாவது நிலவுப் பயணம் அங்கிருந்து கல்லும், மண்ணும் பூமிக்கு எடுத்து வரும். இந்த மூன்று கட்டப் பயணத்தின் முடிவில் திரும்ப மனிதன் நிலவில் இறங்குவதற்கான புது வாய்ப்புகள் உருவாகும்.

2

வளரும் அறிவியலும், இந்தியாவும்

ஆஸ்திரேலியா இந்தியா இன்ஸ்டியூட் என்ற அமைப்பிடமிருந்து எனக்கு ஓர் அழைப்பு வந்தது. ஆஸ்திரேலியா அரசும், மெல்பர்ன் பல்கலைக்கழகமும் இணைந்து நடத்தும் அமைப்பு அது. இரு நாட்டிற்கிடையே ஒரு நல்லுறவுப் பாலமாக இயங்குவது அதன் நோக்கம்.

எனது பயணத்தின் நோக்கம் பல்கலைக் கழகங்களில் பேசுவதும், அங்குள்ள பேராசிரியர்கள் மற்றும் ஆராய்ச்சி யாளர்களுடன் கருத்துப் பரிமாற்றம் செய்வதுமாகும்.

எனது பேச்சுகளை இந்திய விண்வெளிச் சாதனைகள் மற்றும் இந்திய விண்வெளி ஆராய்ச்சி எப்படிச் சாதாரண இந்தியனுக்கும் உபயோகமாக இருக்கிறது என்பதுமாய் அமைத்திருந்தேன்.

இந்தியா போன்ற ஏழை நாட்டிற்கு விண்வெளிப் பயணங்கள் எதற்கு என்ற வினாவுடன் வந்தவர்கள், விண்வெளி ஆராய்ச்சியில் நமது சமுதாயம் சேர்ந்த சாதனைகளை வியப்புடன் பார்த்தார்கள். அந்த வியப்பு குறைவதற்குள் சந்திரயான் 1-ன் சாதனையையும் தற்போது சந்திரயான் 2-க்காக நாங்கள் முழு முனைப்புடன் வேலை செய்து வருவதையும் விவரித்தபோது அவர்கள் கண்களில் ஓர் ஆதங்கம் வந்தது.

திரு. ராதாகிருஷ்ணன், திரு.கஸ்தூரிரங்கன், திரு. மாதவன் நாயர்

ஆம், பின்னர் அவர்களுடன் பேசியதில் புரிந்தது, ஆஸ்திரேலியாவில் சொல்லிக் கொள்ளும்படியான விண்வெளி சார்ந்த அறிவியல் தொழில்நுட்பம் ஏதும் வளர்ந்திருக்கவில்லை. பெரிய செல்வந்த நாடாக இருந்தும், பல இயற்கை மற்றும் தாதுவளங்களைக் கொண்டிருந்தும், மிகப் பெரிய பல்கலைக்கழகங்களைத் தன்னகத்தே கொண்டிருந்தும் விண்வெளித் துறையில் அவர்கள் இன்னும் முதல் அடியே எடுத்து வைக்கவில்லை. தற்போதுதான் ஓர் உயர்மட்ட

விக்ரம் சாராபாய் அவர்களுடன் அப்துல் கலாம்

அறிவியலார் குழுவை ஆரம்பித்து விண்வெளித்துறைக்கான கொள்கை ஒன்றைத் திட்டமாக எழுதிக் கொடுக்கக் கேட்டிருக்கிறது ஆஸ்திரேலிய அரசு. கிட்டத்தட்ட 40 மில்லியன் டாலர் செலவில் (ரூ.200 கோடி) 2012-ல் திட்டம் அரசிடம் சமர்ப்பிக்கப்படுமாம். கிட்டத்தட்ட நாற்பது வருடங்களுக்குமுன் இந்தியா இருந்த நிலையில் ஆஸ்திரேலியா இன்று விண்வெளித் துறையில்? நினைத்துப் பார்க்கிறேன், நமது பெரியோர்களின் முன்னோக்கிய பார்வையையும், அதனால் நமக்கே நமக்காய் கிடைத்திருக்கும் பயன்களையும்.

விக்ரம்சாராபாய், அப்துல்கலாம், ராவ், கஸ்தூரி ரங்கன், மாதவன்நாயர் என்ற தலைமுறைகளைக் கடந்து, எஸ்.எல்.வி. ஏ.எஸ்.எல்.வி., பி.எஸ்.எல்.வி. மற்றும் ஜி.எஸ்.எல்.வி. என்ற ஏவுகலங்களைச் செய்து, ஆர்யபட்டா, பாஸ்கரா, ஐ.ஆர்.எஸ்., இன்சாட் என்ற செயற்கைக் கோள்களை விண்ணில் விட்டு சந்திரயான் என்ற நிலவுப் பயணத்தின் சாதனை கண்டு நமது தலைமுறைக்கும், அடுத்த தலைமுறைகளுக்கும் என இந்திய மண்ணில் ஆலமரமாய்ப் பரந்து கிடக்கும் அறிவியல் தொழில்நுட்ப வாய்ப்புகள் ஏராளம். அன்று அவர்கள் போட்ட வியர்வை விதையில் வந்ததுதானே இந்த வாய்ப்புகள். இன்று

கூட இந்தியாவிற்கு விண்வெளி ஆராய்ச்சி எதற்கு என்று கேட்பவர்கள் உண்டு. 40 ஆண்டுகளுக்குமுன் அவர்களுக்கு வந்த கேள்விகள் எப்படி இருந்திருக்கும். அதை எல்லாம் தாண்டி இன்று ஒரு நல்ல நிலைக்கு வந்திருக்கிறோம். அதைத் தக்க வைத்துக்கொண்டு முன்னேறுவது நமது கடமை.

மற்றொன்றும் எனது வெளிநாட்டுப் பயணத்தில் நான் உணர்ந்தது, வருங்கால இந்தியாவை, இந்திய இளைஞர்களை அவர்கள் மிகவும் நம்பிக்கையுடன் எதிர்பார்க்கிறார்கள். ஆக 2020-ல் வளர்ந்த இந்தியா என்பது ஓர் இந்தியக் கனவு மட்டுமல்ல, உலகின் எதிர்பார்ப்பும் கூட.

இந்த எதிர்பார்ப்பு இந்தியா வருங்காலத்தில் அறிவியல் தொழில்நுட்பத்தில் எப்படிச் சிறப்பாக இருக்கப் போகிறது என்பதைப் பொறுத்ததே. முந்தைய நூற்றாண்டில் நடந்த தொழில் புரட்சியிலும் அதனால் ஏற்பட்ட பயன்களிலும் அடிமை இந்தியா பங்கேற்க முடியவில்லை. ஆனால் சுதந்திர இந்தியாவில் இளைய பாரதம் அதற்கு ஈடுகட்டி முன்னேறுவதற்கான தளம் எந்தத் தலைமுறைக்கும் இல்லாதது இப்போதைய தலைமுறைக்குக் கிட்டியுள்ளது. எல்லாருக்கும் கல்வி, தகுதி வாய்ந்த மாணவர்களை ஊக்குவிக்க இன்ஸ்பயர் போன்ற அரசுத் திட்டங்கள், ஆர்வலர்கள் பலர் கொடுக்கும் ஊக்கம் என நிறைய கூடி வருகின்றன. இதனைச் சரியாகப் பயன்படுத்தும் இளைஞர்கள் தானும் வளர்ந்து, தனது நாட்டையும் வளர்க்கும் ஓர் அற்புத வாய்ப்பைப் பெற்றிருக்கிறார்கள்.

வாழ்வில் ஒவ்வொரு கணத்திலும் வாய்ப்பு களைச் சரியாகப் புரிந்து அடுத்த அடிகளை எடுத்து வைப்பதும் ஓர் அறிவியல் கண்ணோட்டமே, என்பதைப் புரிந்து கொள்ள வேண்டும். அந்த வகையில் வளரும் அறிவியல் நம்மையும், நாட்டையும், ஒருங்கே உயர்த்தும்.

குறைந்து வரும் இயற்கை வளங்களும், பெருகிவரும் மக்கள் தொகையும், வாழ்வாதாரத் தேவைகளும் ஒன்றுக்கொன்று ஈடுகட்ட முடியாத எல்லைகளை நோக்கி இழுத்துச் செல்கின்றன. இதற்கான சரியான பதிலாய் அடுத்த கட்ட அறிவியல் தொழில்நுட்பம் கொண்டு நாம் தன்னிறைவு

அடைவதையும் தாண்டி மற்றவர் தேவைகளையும் ஈடுகட்டும் நிலைக்கு உயர்வது அவசியம்.

சேதாரமற்ற உணவு வழங்கல் மற்றும் தானியச் சேமிப்பு, 'நானோ' தொழில்நுட்பம், குறைவான நீரில் நெல், கரும்பு, புதுவகை உள்கட்டமைப்பு முறை மற்றும் சாதனங்கள், கரியைக் கக்காத எரிபொருள், தடையில்லா மற்றும் மாசற்ற மின்சாரம், பாதுகாத்த குடிநீர், எல்லைப்பணிக்கான இயந்திரங்கள், கணிப்பொறி, செயற்கைக்கோள் கொண்டு தொலைக்கல்வி மற்றும் தொலை மருத்துவம் என புதிய வாய்ப்புகள் ஏராளம்.

இவ்வாறு பல்கிப் பெருகி வரும் வாய்ப்புகளில் தான் எதில் சிறக்க முடியும் என்பதை தனது விருப்பம், செயல்திறன் இவற்றுடன் ஒப்பிட்டுப் பார்த்துக் கல்வி மற்றும் தொழிலை எடுத்துக் கொண்டால் படிக்கும் கல்வியும் இனிக்கும், பின்னால் தொடரும் பணியும் இனிக்கும். அவ்வாறு மகிழ்வான உணர்வு டன் தொடரும் கல்வியும், தொழிலும் ஒருவனது வாழ்வில் அவன் முழுமையாகவும் சிறப்பாகவும் வாழ உதவும்.

சாதனையாளர்களின் வாழ்க்கையை ஊன்றிக் கவனித்தால் இந்த அம்சம் அங்குப் பளிச்செனத் தெரியும்.

முடிவாக, எந்தத் தலைமுறைக்குமில்லாத அற்புதமான தருணம் உங்கள் கையில். வளரும் அறிவியலைச் சரியாகப் புரிந்து, அதனுடன் இணைந்து உயர்வான வாழ்வுக்கு இலட்சி யப் பயணம் மேற்கொள்ளுங்கள். வெற்றி நிச்சயம்.

3

மாணவர்களின் செயற்கைக்கோள்

வளரும் அறிவியல், இந்த இரு வார்த்தைக் கோர்வையில் பின்னிப் பிணைந்துள்ள கருத்துகளே மானுடத்தின் இன்றைய வளர்ச்சிகளுக்கும், நாளைய வளர்ச்சிகளுக்கும் காரணங்களாகும்.

ஆம். காடுகளிலும், குகைகளிலும் வாழ ஆரம்பித்த மனிதன் இன்று நிலவிலும், செவ்வாயிலும் வாழ் வாதாரங்களைத் தேட முற்படுகிறான். அடுத்தடுத்து வந்த தலைமுறைகளின் தொடர் ஓட்டமான அறிவியல் கண்டு பிடிப்புகளே இதற்கு ஆதாரமாக இருக்கின்றன.

இந்தத் தொடர் ஓட்டம் சரியாக அமைய முந்தைய தலைமுறைகளின் அறிவியல் கண்டுபிடிப்புக் களையும், நடைமுறை அறிவியல் நிகழ்வுகளையும் அறிந்து கொள்வது வளரும் தலைமுறைக்கு மிகவும் முக்கியம். அதற்கான ஒரு சிறுபங்கை அளிக்க **"வளரும் அறிவியல்"** இதழ் முயல்கிறது. அதனின் ஒரு சிறப்பு, அறிவியல் கூடங்களிலும், கருத்தரங்குகளிலும் ஆங்கிலத்தில் எழுதப்படுபவைகளையும், பேசப்படுபவைகளையும் தமிழில் எளிய முறையில் கல்விக் கூடங்களுக்கும், வீடுகளுக்கும் சேர்க்க முயல்கிறது.

சுருங்கக் கூறின் வளரும் அறிவியல் ஒரு செய்திக் கோவை களின் தொகுப்பு அல்ல. அறிவியல் செய்திகள், எண்ணங்கள் மூலம் சிறுசிறு பொறிகளைப் படிப்பவர் மனதில் உருவாக்கும் முயற்சிகள். தன்னாலும் ஏதும் செய்யமுடியுமா என்ற தேடலையும், வேகத்தையும் தூண்டும் ஒரு பணி. இந்தப் பணியில் கல்வி வளாகங்களும், அறிவியல் கூடங்களும் சேர்ந் தால் **"வளரும் அறிவியல்"** தமிழகத்திலும் நிறையச் செய்ய முடியும்.

இந்த முயற்சியில் விண்வெளித் துறையின் பங்கு என்ன? அறிவியல் துறையில் கூடப் பரவலாகப் பேசப்படும் வாக்கியம் "இது ஒன்றும் விண்கல அறிவியல் அல்ல" (This is no Rocket Science என்பது. அந்த வகையில் விண்வெளி அறிவியல், அறிவியலின் உச்சம் என்பதாகப் பேசப்படுகிறது. ஆனால் அது அப்படி அல்ல! முயன்றால் சாதாரணக் கல்லூரி மாணவனும் கூடப் புரிந்து புதிதாய்ப் பலதும் செய்ய முடியும் என்பதை உணர்த்த வழிவகைகள் செய்து வருகிறோம்.

இதன் முதல் முயற்சிதான் இருவருடங்களுக்கு முன் சென்னை அண்ணா பல்கலைக்கழக மாணவர்கள் விண்ணில் அனுப்பிய "அனுசாட்" என்ற செயற்கைக் கோள். இந்திய விண்வெளி ஆராய்ச்சிக் கழகத்தின் துணையுடன் இந்திய மாணவர்களால் வடிவமைக்கப்பட்டு விண்ணில் செலுத்தப்பட்ட முதல் செயற்கைக் கோள் அது. அதன் பின் சில மாதங்களுக்கு முன்பாக கர்நாடகா மற்றும் ஆந்திர மாநிலக் கல்லூரிகள் ஐந்திலிருந்து சில மாணவர்கள் ஒன்றாய்ச் சேர்ந்து பூமியைச் சுற்றிய சுற்று வட்டப் பாதையில் அனுப்பிய சிறு செயற்கைக் கோள் "STUDSAT". அவர்களின் சிறப்பான இந்தச் செயல் முறை அவர்களுக்கு ஒரு சர்வதேச விருதையும் வாங்கிக் கொடுத்திருக்கிறது.

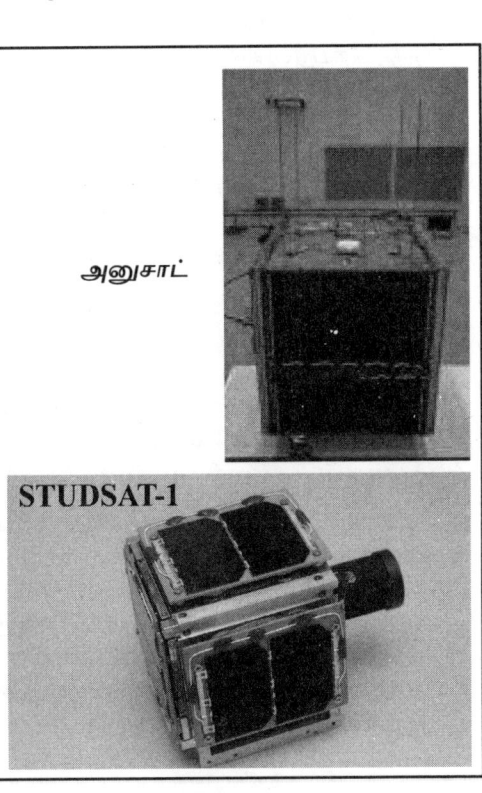

அனுசாட்

STUDSAT-1

அப்படி என்னச் சிறப்பு செயற்கைக் கோள்கள் செய்வதில்?

செயற்கைக் கோள்களும், அலைபேசி, தொலைக்காட்சிப் பெட்டி போன்ற ஒரு இயந்திரப் பெட்டிதான். ஆனால் செயற்கைக் கோள்கள் விண்வெளியின் மிக அதிக தட்பவெப்ப நிலைகளிலும், வாயுவற்ற வெற்றிடத்திலும் இயங்கவேண்டும். தனக்குத் தேவையான மின் சக்தியைத் தானே உற்பத்தி செய்யவும் வேண்டும். ஏதாவது பாகங்களில் பழுது ஏற்பட்டால் பூமியில் உள்ள இயந்திரங்களைச் சரிசெய்வது மாதிரி செய்ய முடியாது. அதற்கான பிரத்யேக வழிமுறைகளைக் கடைப்பிடிக்க வேண்டும். அறிவியல் மற்றும் பொறியியலின் பல துறைகளை

வேண்டும். அறிவியல் மற்றும் பொறியியலின் பல துறைகளை உள்ளடக்கிய பணி செயற்கைக் கோளியல். மின்னணுவியல், இயந்திரவியல், இரசாயனம், இயற்பியல், வானவியல், கணிணியியல் எனப் பலதுறைகளின் கூட்டுமுயற்சியே செயற்கைக்கோளின் வடிவமைப்பும், வேலைப்பாடும். ஆக, ஒரு செயற்கைக்கோளை வடிவமைத்து இயக்க பல துறை மாணவர்களும் ஒன்று கூடிக் குழுவாகச் செயல்படவேண்டும். அப்படி ஒரு சிறந்த குழுவாக இயங்கத் தேவையான தளத்தை செயற்கைக்கோள் தொழில் நுட்பவியல் கொடுக்கிறது. இத்தகைய பயிற்சிப் பெறும் கல்லூரி மாணவர்கள் பின்னாளில் எந்தத் துறைக்குச் சென்றாலும் ஒரு குழுவில் சேர்ந்து வேலை செய்யும்போது நன்றாய்ப் பரிணமிக்க முடியும்.

இத்தகைய வாய்ப்புகளை அனைத்து தொழில் மற்றும் அறிவியல் கூடங்கள் தமிழக மாணவர்களுக்கு கொடுக்க முன்வரவேண்டும். அதை மாணவர்களும் சரியாகப் பயன்படுத்திக் கொள்ளவேண்டும். அப்போது தான் ஒரு முழு அறிவியலாளராகவோ அல்லது பொறியியலாளராகவோ ஒரு மாணவன் கல்லூரியை விட்டு வெளியே வர இயலும்.

2015-ல் இரண்டு லட்சம் பொறியியல் பட்டதாரிகள் தமிழகத்தில் உருவாவார்கள். அவர்களுக்கு வேலை எங்கே என்பதை மாற்றி, இன்னும் இன்னும் தமிழ்ப்பொறியியலாளர்கள் மற்றும் அறிவியலாளர்கள் வேண்டும் என்று மொத்த இந்தியாவும் ஏன் உலக நாடுகளே கேட்கும்படி நாம் செய்யவேண்டும். அதற்கான வாய்ப்புகளை உருவாக்குவோம் "**வளரும் அறிவியல்**" மூலம்.

4

அறிவியலில் நாம் உயர அனைவருக்கும் உயர் கல்வி

ஒரு மனிதனை முழு மனிதன் என்று சொல்லும்போது அவரது திடகாத்திர உடலும், புத்திசாலித்தனமும், நேர்மையும் சேர்ந்த செயல்களுமே அதற்குக் காரணமாகின்றன. ஒரு நாட்டையும் முழுதான நாடாக நிர்ணயிப்பது அதன் இயற்கை வளங்களும், அறிவார்ந்த மனித வளங்களுமேயாம். ஒன்றிலிருந்து மற்றொன்று இல்லையெனில் மனிதன் முழு மனிதனாவதில்லை. நாடும் அப்படியே. நாட்டின் இயற்கையும் தானே அமைவது. நம்மால் அதிகம்

உருவாக்க முடியாதது. இருந்தாலும் வீணாகாத வழிகள் காண முடியும். காட்டு வளங்கள் காப்பதும், ஆற்று நீரைச் சரியாக உபயோகிப்பதும், மனிதனால் செய்யக் கூடிய செயல்கள்.

அதற்கான அவசியம், எப்போதுமில்லாது இப்போது மனிதகுலத்திற்கு உருவாகியுள்ளது. ஆம், ஒரு புறம் அருகிவரும்

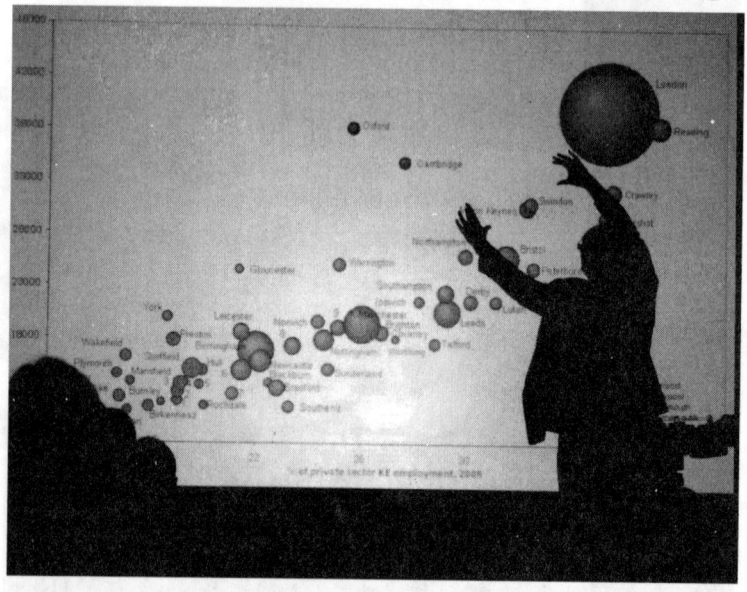

எண்ணெய் வளமும், நீர்வளக் குறைவும் மற்றொரு புறம் பெருகிவரும் மக்கள்தொகையும் வாழ்வாதாரக் தேவைகளும் அறிவியலாளர்களையும், அரசியல் விற்பன்னர்களையும் ஆட்டிப் பார்க்கின்றன.

ஆம் குறைந்த அளவு பெட்ரோலில் ஓடும் வாகனம் என்பதைவிட பெட்ரோலில்லாது ஓடும் வாகனத்திற்கு வழி செய்ய வேண்டிய கட்டாயம் வந்துள்ளது.

கரியை எரித்தும், நீரின் துணையிலும் மின்சாரம் என்பதை விடுத்துச் சூரிய ஒளியும், காற்றின் விசையும், கடலின் அலையும், அணுவின் விசையும் கொண்டு அதிக மின்சாரம் குறைந்த செலவில் உற்பத்தி செய்யும் வழிகளை உருவாக்க வேண்டிய கட்டாயம் அறிவியலாளர்களுக்கு இன்று உருவாகியுள்ளது. இப்போதிருக்கும் நடைமுறைத்

தொழில்நுட்பம் விடுத்துப் புதிதாய் உருவாக்கினால் மட்டுமே இது சாத்தியமாகும். இதற்கு அதிகமான மனித மூளைகள் ஒன்று சேர வேண்டும். ஒன்று புதிதாய்ப் படைக்க மற்றது புதிதாய்ப் படைப்பதை அனைவருக்கும் சேரும்படி உடனே முறையாய்ச் செய்து முழுநிலை அடைய, அப்படிப்பட்ட ஒரு கனவுச் சமுதாயம் தனக்கு வேண்டியதைத் தானே உருவாக்கிக் கொள்ள முடியும்.

இயற்கையால் கிடைக்கும் சூரிய ஒளியையும், மண்ணில் இருக்கும் சத்தையும், நீரையும் சரியாகப் பயன்படுத்திச் செடியும், கொடியும், மரமும், ஆண்டாண்டு காலங்களாகத் தம் இனத்தை வளர்த்து வரும்போது ஆறறிவு மனிதன் வெறும் இருநூறே வருடத்தில் உலகின் வளங்களைத் (எண்ணெய்) தொலைத்துவிட்டு எதிர்காலத்தைக் கேள்விக் குறியாய்ப் பார்ப்பதும், எதிர்காலச் சந்ததிக்கென பெரும் வெற்றிடத்தை விட்டுச் செல்லும் ஒரு அபாய நிலையில் இருப்பதும் மிகமிக வெட்கக்கேடான ஒரு செயல் என்பதை உணர வேண்டும்.

இந்த உணர்வுடைய ஒரு மக்களினம் உயர் கல்வியைப் பெறும்போது மிகமிக உபயோகமான மனிதவளமாக அது மாறும் என்பது என் எண்ணம்.

இந்த ஒரு செயலையும் செய்யவல்ல ஒரே சாதனம் கல்வி. அது எழுதப்படிக்க பாடம் புகட்டும் ஆரம்பக் கல்வி மட்டும் அல்ல, உலக நடப்பை முழுதாய் உணர்ந்த, புது முயற்சிகளுக்கு முனைப்பாய் இறங்கவல்ல உயர் கல்வியாய் இருக்க வேண்டும் என நான் நினைக்கிறேன்.

அப்படி ஒரு தலைமுறையை நாம் உருவாக்கி விட்டால், தலைமுறை தலைமுறைக்கும் அது தன்னைப் புதுப்பித்து முறையாய் வாழ முடியும் என நம்புகிறேன்.

அதை எப்படிச் செய்வது? சில நாட்களுக்கு முன் ஓர் ஆங்கில இதழில் நான் எழுதிய கட்டுரையில் இதைப்பற்றி கோடிட்டுக் காட்டியிருந்தேன். அதன் சாரம் இதோ:

"மயில்சாமி அண்ணாதுரையாகிய நான் இன்று ஓரளவு இந்திய அறிவியலில் ஏதாவது சாதித்திருக்கிறேன் என்றால் அதற்கு முழுக்காரணமும் எனது உயர்கல்வியே. அதுவும் எனக்குக் கிடைக்கக் காரணம் முழுக்க முழுக்க அரசாங்க உதவிப் பணம்தான். உபகாரத் தொகையாக அன்று எனக்குக்

கொடுக்கப்பட்டதுதான். அதை ஒரு நன்றியுடன் எண்ணிப் பார்த்து, என்னால் முடிந்த அளவு அடுத்த தலைமுறைக்கு உதவ முயல்கிறேன். அதே சமயம் என்னுள்ளும் ஒரு கனவு; இன்றைய அரசு தேவைப்படும் அனைத்து மாணவர்களுமே உயர்கல்வியை இலவசமாக அளிப்பது என எண்ணினால் அது மிகவும் சாத்தியமான ஒரு காரியமே. ஆம் 2010-ல் பன்னிரெண்டாம் வகுப்பில் தேர்வான தமிழக மாணவர்களின் எண்ணிக்கை 8,03,715. இதில் எல்லா மாணவர்களையும் உயர்கல்விக்குச் செல்லத் தயார் என்ற ஒரு நிலையைக் கற்பனை செய்து கொள்வோம். அதற்கான செலவு ஒரு வருடம் ஒரு மாணவனுக்கு ரூ.25, 000 என்றாலும்கூட (8,03,715 x 25.000 = 2009,28,75,000) மொத்தம் 2000 கோடி ஓராண்டில் செலவாகும். நான்கு வருடத்தில் அது ரூ.8,000 கோடி ஆகும். ஒவ்வொரு மாணவனுக்கு UID என்ற தனி அடையாளம் வைக்கும் பட்சத்தில் அவர்கள் படிப்பு முடிந்து வேலைக்குச் சென்றதும் திரும்பத் தாம் பெற்ற உதவிப் பணத்தை அரசிடம் 5 வருடத்தில் திரும்பச் செலுத்தும் வகையில் இதை நடைமுறைப்படுத்தலாம். இதன்மூலம் அரசிற்குப் பெரும் சுமையில்லாமல் தடுக்க முடியும்.

இந்தக் கருத்தை நடைமுறைப்படுத்தினால் தமிழகம் இந்திய நாட்டிற்கே ஓர் உதாரணமாகும். ஏன் இந்திய அரசே கூட இதை முறைப்படுத்த முடியும்.

உயர்கல்வி பெற்ற இந்தியத் தலைமுறை கண்டிப்பாகத் தன்னை மிகமிக நேர்த்தியாக எடுத்துச் செல்ல முடியும். ஏழை, பணக்காரன் என்ற ஏற்றத்தாழ்வை விட படித்தவன், படிக்காதவன் என்ற ஏற்றத்தாழ்வே மோசமென்று நான் நினைக்கிறேன். அந்த ஏற்றத்தாழ்வைப் போக்கினால் அறிவியல் தொழில் நுட்பத்தில் இந்திய மனிதவளமும் உலகிற்கே ஒரு எடுத்துக் காட்டாக விளங்கும்.

இது நடைமுறையில் சாத்தியமா! கண்டிப்பாகச் சாத்தியமே, இன்றைய நிலையில்.

5

வானை அளப்போம்

மனிதனின் பரிணாம வளர்ச்சியும், பல்துறை ஆராய்ச்சிகளும் ஒன்றுடன் ஒன்று பின்னிப் பிணைந்தவை. அந்த வகையில் வானியல் ஆராய்ச்சியும் பல நூறு ஆண்டுகளாக நிகழ்ந்து வருகிறது.

அறிவியல் ஆராய்ச்சியின் முடிவு பெரும்பாலும் இயற்கை நிகழ்வுகள். மனத அறிவு சரியாகப் புரிந்து கொள்வதில் முடிகிறது. இயற்கையைச் சரியாகப் புரிதலின் முடிவு அது சார்ந்த தொழில் நுட்பங்களை வளர்க்கிறது. அதன் பலனாய் மனித சமுதாயம் வசதிகளைப் பெருக்கி வளர்கிறது.

இடம் விட்டு இடம் பெயர்ந்து கிடைத்ததை உண்டு வாழ்ந்த மனிதன் தானியம் வளரும் விதம் அறிந்து இருந்த இடங்களில் விவசாயம் செய்ய ஆரம்பித்தான். இயற்கையறிந்த தொழில் நுட்பம் விரும்புவதை வளர்க்கும் விவசாயம் ஆனது. தீ மூட்டல், சமைத்தல் என பலதும் கண்டான். பலப்பல நுட்பங்கள் உணர்ந்த பின்பு இயற்கையில் மரத்திலிருந்து ஆப்பிள் விழுவதைப் பார்த்து புவியீர்ப்புவிசை பற்றி அறிவியலறிவை நியூட்டன் உரைத்தார்.

இந்த அறிவியலறிவு இன்றும் விரிந்து கோள்கள் இயங்கும் விதம் பார்த்துக் காரணம் அறிந்தான். கோள்களுக்கிடையில் உள்ள ஈர்ப்பு விசைதான் அவை ஒரு கட்டுக்குள் இயங்குவதன் காரணம் என்று அறிந்தான். கெப்ளர் அதைச் சூத்திரங்களில் அடக்கிக் கோள்களின் இயக்கத்தை விளக்கினார்.

இயற்கைக் கோள்கள் இயங்கும் விதம் சொன்ன அறிவியல் தொழில் நுட்பமாக மாறி செயற்கைக் கோள் ஸ்புட்னிக் 1957-ல் பூமியைவிட்டுப் பறந்து பூமியைச் சுற்ற ஆரம்பித்த இயற்கையைப் பார்த்து செயற்கையால் செய்து பார்த்து மனிதன் அதை மனித குலத்திற்கு எப்படி உபயோகமாக மாற்றுவது என ஆராய்ந்தான்.

பூமியை விட்டு 36000 கி.மீ தூரத்தில் பூமத்திய ரேகைக்கு மேல் பூமியைச் சுற்றும்படி விடப்படும் ஒரு செயற்கைக் கோள் பூமியிலிருக்கும் ஒருவருக்கு அது நிலையாக இருப்பது போல் தோன்றும் என்பது கணக்கிடப்பட்டது.

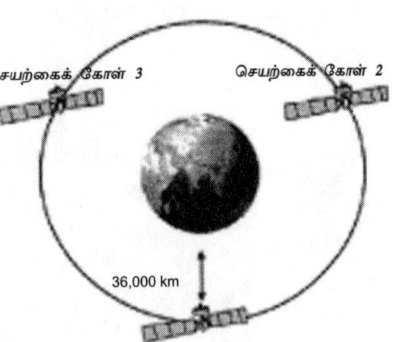

அப்படி நிலை நிறுத்தப்படும் மூன்று செயற்கைக் கோள்கள் (120^0 இடைவெளியில்) முழுப் பூமியையும் பார்க்க வாய்ப்புள்ளது என்பதை ஆர்தர் கிளார்க் கணக்கிட்டுக் கூறினார். இந்த அமைப்பில் நிலை நிறுத்தப்படும். செயற்கைக் கோள்கள் கொண்டு உலகின் ஒரு இடத்திலிருந்து இன்னொரு இடத்திற்கு செய்தி மற்றும் தொலைக் காட்சிப் பறிமாற்றம் செய்ய முடியும் என அறிந்து அதற்கான தொழில் நுட்பம் வளர்ந்தது. இன்று அந்தத் தொழில் நுட்பத்தால் தமிழகத்தின் மூலைக் கிராமத்து மக்களும் அமெரிக்காவில் நடக்கும் டென்னிஸ் விளையாட்டை உடனுக்குடன் பார்க்க வசதி ஏற்பட்டுள்ளது.

இந்தியாவில் செயற்கைக் கோள்கள் கொண்டு சமுதாய முன்னேற்றதிற்கு ஏராளம் செய்யப்பட்டுள்ளது. தொலைக் காட்சி தொலைத்தொடர்பு, தொலைக் கல்வி, தொலை மருத்துவம், ஆழ்கடல் ஆய்வு, மீன்வளம் காணல், நிலத்தடி நீர்வளம், நகர்ப்புற உட்கட்டமைப்பு, பருவநிலை கண்காணிப்பு, கிட்டத் தட்ட ஒரு லட்சம் வங்கிகளின் ATMகள், இரயில் பயண முன் பதிவு என்று பெரிய பட்டியலே போடலாம்.

ஆர்தர் கிளார்க்

நினைத்துப் பாருங்கள் இந்தப் புரட்சி ஏற்படக் காரணம் அன்று ஆப்பிள் விழுவதின் இயற்கை விதியை அறிந்ததுதான்.

இந்த வகையில் சந்திரயான்-1இன் கண்டுபிடிப்பான நிலவில் நீரும், நீர் உருவாகும் உண்மையும் ஒரு அறிவியல் கண்டு பிடிப்பு. இது எப்படிப்பட்ட தொழில் நுட்பங்களை உருவாக்கும் என்று கொஞ்சம் சிந்தியுங்களேன்!

ஒரே வானில் இரண்டு சூரியன்கள்

ஒரே வானத்தில் இரண்டு சூரியன்கள் எழுகின்றன; மறைகின்றன. ஒன்று மஞ்சள் நிற ஒளி வீசுகிறது. மற்றது செந்நிற ஒளி வீசுகிறது. சிலபோது மஞ்சள் சூரியன் முதலில் எழுகிறது; சில வேளை செஞ்சூரியன் முதலில் எழுகிறது. வானில் அவை ஒன்றை ஒன்று கடக்கின்றன. அதாவது தொடர்ந்து அவற்றின் சார்பு இருப்பு (Relative Position) மாறிக் கொண்டே இருக்கிறது. அவற்றினை வெளிப்புறமாக வட்டணையில் சுற்றிவரும் பொதுக் கோளின் தரையில் இரண்டு நிழல்கள் ஏற்படுகின்றன. ஒவ்வொன்றும் ஒன்றை மற்றொன்று கடக்கிறது. என்ன வியப்பிது! அறிவியல் புனைகதைக் காட்சியா என்று கேட்கிறீர்களா? இல்லையில்லை. பொய்யல்ல, உண்மைக் காட்சிதான். அண்மையில் கெப்ளர் தொலைநோக்கியில் கண்டறிந்த இரட்டை விண்மீன் மண்டலத்தில் தான் இக்காட்சி தொடர்ந்து நடைபெறுகிறது. இதற்கு முன் அசிமோவின் அறிவியல் புனைகதையொன்றில்தான் இதுபோன்றக் காட்சி விவாரிக்கப்பட்டுள்ளது. இன்று அவரது கற்பனை உண்மையாகிவிட்டது. வாழ்க்கை எவ்வளவு வியப்பானது பார்த்தீர்களா? இந்த புதிய கோள் கெப்ளர் 1628 எனப் பெயரிடப்பட்டுள்ளது.

6

செயற்கைக் கோள்வழி சூரிய சக்தி

எரிபொருள் தேவையும் இயற்கைச் சூழலும் மனிதனை எதிரெதிர் முனைக்குத் தள்ளிக் கொண்டிருக்கும் காலமிது. வாழ்வாதாரவசதிகள் அதிகமானால் எரிபொருள் தேவைகள் அதிகமாகின்றன. ஆனால், இப்போது அதிகம் பயன்படும் நிலத்தடி எண்ணெய் மற்றும் நிலக்கரி, ஏன், அணுஉலையால் ஆன தேவையான எரிசக்தியை நாம் தயாரிக்கத் திணறும் அதே நேரம் சுற்றுத் சூழல் பாதிப்பும் அதிகரித்து வருகிறது.

தற்போதைய நிலையில் அதிக எரிசக்தி தேவை. ஆனால் சுற்றுபுறச் சூழலை அது பாதிப்பதை நாம் அனுமதிக்க இயலாது. அதன்படி மாற்றுச் சக்தி கண்டுபிடிப்பது அவசியமாகிறது. காற்றாலை, கடலலை, சூரிய சக்தி எனப் பலவும் கண்டறியப்பட்டுள்ளன.

மாற்றுச் சக்திக்கும் கூட ஒவ்வொன்றுக்கும் ஒவ்வொரு குறைபாடு உள்ளது. முக்கியமான குறைபாடு எரிசக்தி அல்லது மின்சாரம் எல்லா நேரத்திலும் கிடைக்கப் பெறுவதில்லை. எடுத்துக்காட்டாக சூரியசக்தி ஒரு நாளில் அதிக அளவு 8 மணி முதல் 10 மணி நேரமே கிடைக்கிறது. இரவு, காலை, மாலை நேரங்களில் சூரியசக்தியை நாம் பெற முடிவதில்லை. எனவே சூரிய ஒளிக்கதிர்கள் கிடைக்கும் நேரங்களில் அதிகப்படிச் சக்தியைச் சேமித்துப் பின் இரவில் பயன்படுத்த வேண்டியநிலை உள்ளது. இந்தச் சேமிப்பு அதிகமாக இரசாயன மின் சேமிப்புக் கலங்கள் மூலம் செயல்படுத்தப்படுகிறது. இந்த இரசாயன மின்சேமிப்புக் கலங்கள் சுற்றுப்புறச் சூழலைப் பாதிக்கின்றன. மற்றும், அவற்றைப் பராமரிக்கும் செலவும் அதிகம். இந்தக் காரணங்களாலும் மற்றும் சில காரணங்களாலும் சூரியச் சக்தியின் பயன் இன்றும் அதிகம் பரவவில்லை. உதாரணத்திற்கு, இந்தியாவிற்கு ஆண்டுத் தேவையான 700TWH மின்சார சக்தியில் 600TWH க்கும் அதிகமாக நிலக்கரி மூலமும், மிகவும் குறைந்த அளவு மின்சாரம் சூரிய ஒளிமூலமும் தற்போது பெறப்படுகிறது. இந்த நிலையை மாற்றத் தற்போதைய தொழில்நுட்பம் பயன்படுமா?இதன் பங்கு இதில் என்ன என ஆய்வதே இக்கட்டுரையின் நோக்கம்.

விண்வெளித்துறை சூரிய சக்தியைப் பயன்படுத்தித்தான் செயற்கைக்கோள்களைச் செயல்படச் செய்கிறது. ஆனால் சில ஆயிரம் 'வாட்' மின் சக்தியைத்தான் செயற்கைக் கோள்களில் உற்பத்தி செய்யப்படுகிறது. இந்தச் சூழ்நிலையைக் கொஞ்சம் மாற்றிச் செயற்கைக் கோள்களில் மிகப் பெரிய சூரியத் தகடுகளைப் பயன்படுத்தி அதிக அளவில் மின்சாரம் உற்பத்தி செய்யலாம். அப்படிக் கிடைக்கப்பெறும் மின்சாரம் இரவு பகல் என்ற வித்தியாசம் பாராது 24 மணி நேரமும் பூமிக்கு அனுப்ப முடிந்தால் இங்குள்ள மின்சாரப் பற்றாக் குறையைக் குறைக்க முடியும். அதற்கான ஆராய்ச்சிகள் பல நடைபெற்று வருகின்றன. பெரிய அளவில், விண்ணில் உற்பத்தி

வருகின்றன. சிறிய அளவில், விண்ணில் உற்பத்தி செய்யப்பட்ட மின்சாரத்தையும் மின்காந்த அலைகளாக மாற்றி பூமிக்கு அனுப்ப ஏற்பாடு செய்யலாம்.

இங்கு பூமியில் மிகப் பெரிய அளவில் ஆண்டனா வடிவில் செக்மனா எனப்படும் அமைப்பின் மூலம் மின்காந்த அலைகளை மின்சாரமாக மாற்றி நாம் பயன்படுத்த முடியும். இதற்கான ஆராய்ச்சிக் கூடங்கள் பெரிய அளவில் தொடங்கப்பட்டுள்ளன.

செயற்கைக் கோள்களைக் கொண்டு சூரிய மின்சாரத்தை உலகிற்கு அளிப்பதில் வேறு ஒரு குறையும் இப்போது ஆராய்ச்சிக்கு உட்பட்டுள்ளது. அதன்படி பெரிய பரப்பளவில், சில கிலோ மீட்டர் சதுர அளவில், சூரியத் தகடுகள் பூமியின் பரப்பளவுக்குள்ளேயே மின்சாரத்தைத் தயாரிக்கும். ஆனால் பகல் நேரம் விடுத்து காலை, மாலை, மற்றும் இரவு பொழுதுகளில், செயற்கைக் கோள்களின்மூலம் மிகப் பெரிய கண்ணாடி மற்றும் வேறு எளிய எதிரொளிப்பான்கள் கொண்டு நிலப்பரப்பில் வைக்கப்பட்டுள்ள தகடுகளின் மேல் சூரிய ஒளியைப் பாய்ச்ச முடியும். இந்த வகையில் 24 மணி நேரமும் சூரிய ஒளி ஒரு குறிப்பிட்ட இடத்தில் சில கிலோ மீட்டர் பரப்பில் விழச் செய்வதன் மூலம் தடையற்ற சூரிய ஒளி மின்சாரம் கொடுக்க முடியும்.

மேற்சொன்ன, இரண்டாவது வசதியைப் பின் பற்றுவதில் விண்வெளிச் செலவு முதல் வழியை விட மிகவும் குறைவாகும். முதலாவது பாதையில் மிகப் பெரிய சூரியத் தகடுகள், மிகப் பெரிய ஆண்டனாக்கள், மிகப் பெரிய ரெக்டெனாக்கள் தயாரிக்கும். அவற்றை விண்வெளிக்குக் கொண்டு சென்று அங்கு அவற்றைச் சரியானபடி கட்டமைக்கவும் வேண்டியுள்ளது. அதற்கு மேலாக மிக அதிக அளவில் சூரிய ஒளி மின்சாரத்தை உயர்ந்த அலை, மின்காந்த அலைகளாக மாற்றவும், திரும்ப அதை மின்சாரமாக மாற்றவும் தேவைப்படும் தொழில் நுட்பத்தில் நாம் வல்லமை பெற்றாக வேண்டும்.

ஆனால் சூரிய ஒளியை மட்டும் 36,000 கி.மீ. தூரத்திலிருந்து திரும்ப எதிரொளித்து அனுப்பும் திட்டத்தில் மிகப் பெரிய அளவில் புதிய தொழில் நுட்பம் தேவையில்லை. ஆதலால் முதல் வழியைவிடக் குறைந்த செலவில் சூரிய சக்தியை 24 மணி நேரமும் பெற வழியமைக்கப்படும்.

வீட்டிலேயே மின்சாரத்தை உற்பத்தி செய்யலாம்

இன்றைய தேதியில் அமெரிக்கா முழுமைக்கும் ஆச்சரியத்தோடு கவனிக்கப்பட்டு வரும் தமிழனின் பெயர் ஆர்.கே.ஸ்ரீதர். அதற்குக் காரணம், சுற்றுச்சூழலுக்கு பாதிப்பில்லாத, மின் இழப்பில்லாத, வீட்டிலேயே சொந்தமாக மின்சாரத்தை தயார் செய்யும் தொழில்நுட்பத்தைக் கண்டுபிடித்திருப்பதுதான் இவரது பெருமைக்குக் காரணம். தினமும் பல மணி நேரங்கள் மின்சாரம் இல்லாமல் கசக்கிப் போட்ட காகிதம் மாதிரி கலங்கிப் போகும் நமக்கு இந்தச் செய்தி இனிப்பானதுதான். நமக்கு மட்டுமல்ல உலகம் முழுவதும் உள்ள மக்களுக்கும், சுற்றுச்சூழல் ஆர்வலர்களுக்கும் இது நிம்மதியை கொடுக்கும் செய்தியாகும்.

அனல் மின் நிலையம், நீர் மின் நிலையம், அணு மின் நிலையம் எனப் பல வகைகளிலும் நாம் மின்சாரத்தைத் தயாரித்துக் கொண்டிருந்தாலும் மின்சாரத்தின் தேவை நாளுக்கு நாள் பெருகிக் கொண்டே வருகிறது. மின்சாரத்தை தயாரிக்கிறோம் என்று பூமிப்பந்தின் சுற்றுச்சூழலை உலக நாடுகள் போட்டி போட்டுக் கொண்டு மாசுபடுத்தி வருகின்றன.

எதிர்காலத்தில் தேவைக்கேற்ப மின்சாரத்தை உற்பத்தி செய்ய முடியுமா என்ற கேள்விக்குறி பல நாடுகளிலும் எழுந்துள்ளது. இந்த கேள்விக்கு, 'முடியும்' என்று தனது புதிய அறிவார்ந்த தொழில்நுட்பத்தின் மூலம் ஆணித்தரமான பதிலை அளித்திருக்கிறார் ஸ்ரீதர்.

7

செவ்வாய்க்கிரகப் பயணம்

விண்வெளிப் பயணங்களின் முக்கியத்துவமும், சாதனையும் எவ்வளவு குறைந்த எரிபொருள் செலவில் பூமியிலிருந்து குறிப்பிட்ட கிரகத்தை அடைகிறோம் என்பதில்தான் உள்ளது. அந்த வகையில் சந்திரயான் உட்பட பல நிலவுக் கலன்கள் பூமியிலிருந்து நிலவை அடைய எடுத்துக் கொண்ட காலம் கிட்டத்தட்ட ஒரு வார காலம். ஆனால் செவ்வாய்க் கிரகத்தை அடையக் கிட்டத்தட்ட நாற்பது வாரங் கள் பிடிக்கும்.

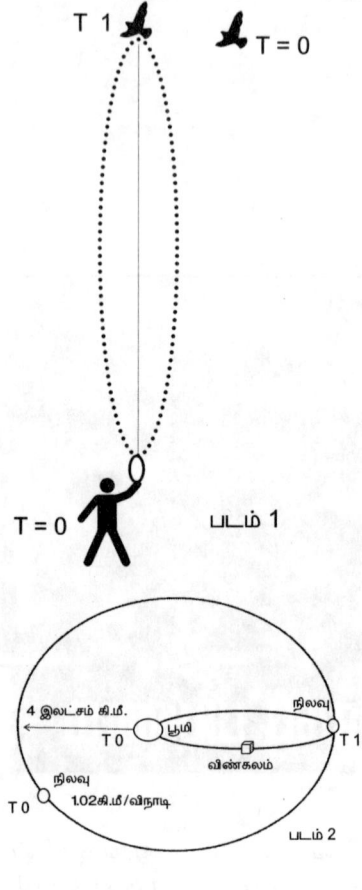

படம் 1

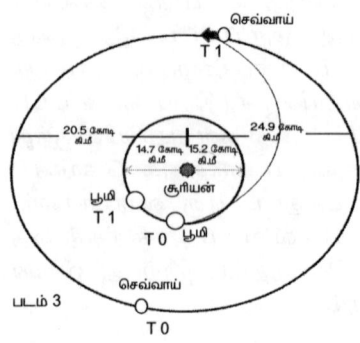

படம் 2

படம் 3

இந்தச் சூட்சுமத்தை அறிய ஒரு உதாரணத்தைப் பார்ப்போம். ஒரு பறவை தரையிலிருந்து ஒரே உயரத்தில், தொலை தூரத்திலிருந்து பறந்து வந்து நமது தலைக்கு மேலே உயரப் பறந்து செல்கிறது என்று வைத்துக் கொள்வோம். அந்த உயரம் செங்குத்தால் நம்மால் கல்வீச முடியும் உயரம் எனக் கொள்வோம். அந்தப் பறவையைக் கல் வீசி அடிக்க வேண்டும் என்றால் சரியான நேரத்தில், (அதை T0 என வைத்துக் கொள்வோம்) கல் வீசினால் நாம் வீசிய கல் உயரத்தை அடைந்து கீழே விழ ஆரம்பிக்கும் அந்த தருணத்தில் (T1) பறவை அந்த இடத்திற்கு வந்திருந்தால் பறவை மேல் கல் படும். (பார்க்க படம் 1)

இதே நடைமுறையில் கிட்டத்தட்ட நான்கு இலட்சம் கி.மீ தூரத்தில் விநாடிக்கு 1.02 கி.மீ வேகத்தில் பூமியைச் சுற்றிய வட்டப் பாதையில் பயணிக்கும் நிலவை அடையப் பூமியிலிருந்து T0ல் புறப்பட்ட விண்கலம் நான்கு இலட்சம் கி.மீ நீள் வட்டப் பயணத்தில் பயணிக்கும்போது ஆறாவது நாளில் (T1) நிலவை அடைய முடியும். (படம் 2)

ஆகச் சரியான வேகம், சரியான தருணம், சரியான திசை இவையெல்லாம்தான் விண்பயணத்தின் முக்கிய அம்சங்கள்.

மேற்கண்ட இரு உதாரணங்களைப் பார்த்த பின் செவ்வாய்க் கிரகத்திற்கான பயணவழியைப் பார்ப்போம். நிலவு பூமியைச் சுற்றிவரும் ஒரு துணைக்கோள். அதன் தூரம் அதிக பட்சம் 4.07 இலட்சம் கி.மீ. குறைந்த பட்சம் 3.56 இலட்சம் கி. மீ. விண்வெளிப் பயணத்தில் இந்த தூர வித்தியாசம் ஒரு பொருட்டல்ல. ஆனால், செவ்வாயும், பூமியும் தனித்தனியாக வெவ்வேறு வேகத்தில் வெவ்வேறு நீள்வட்டப் பாதைகளில் சுற்றும் கோள்கள். சூரியனைச் செவ்வாய் விநாடிக்கு 20கி.மீ வேகத்தில் 20.5 கோடி கி.மீ x 24.9 கோடி கி.மீ என்ற நீள்வட்டப் பாதையில் 686 நாட்களுக்கு ஒரு முறை சுற்றுகிறது. அதே சமயத்தில் பூமி விநாடிக்கு 30 கி.மீ வேகத்தில் 14.7 கோடி கி.மீ x 15.2 கோடி கி.மீ. நீள் வட்டப் பாதையில் சூரியனைச் சுற்றி வர 365.25 நாட்கள் எடுத்துக் கொள்கிறது.

இந்தச் சூழ்நிலையில் கிட்டத்தட்ட மூன்று வருடங்களுக்கு ஒரு முறை செவ்வாயும், பூமியும் நெருங்கி பயணங்கள் தொடங்குகின்றன. அந்த வகையில் T0 என்ற நாளில் பூமியை விட்டுப் புறப்படும் விண்கலம் T1 என்ற ஒன்பது மாதம் கடந்த நாள் ஒன்றில் செவ்வாயை அடைகிறது. இப்படிப்பட்ட பயணங்கள் குறைந்த எரிபொருள் சக்தியில் செவ்வாயை அடையும். அப்படிப்பட்ட ஒரு தருணம் 2013, நவம்பர் 26ல் வருகிறது. அதற்கான திட்டப் பணியில் 2012 - 14 வருடங்களில் எனது பணியும், எனது குழுவுடன் சேர்ந்து இருக்கும் என்பதில் எனக்கு ஒரு நிறைவான மகிழ்வு அப்படித் துவங்கும் பயணம் T1 = 2014 செப்டம்பர் 21-ல் செவ்வாயை அடையும்.

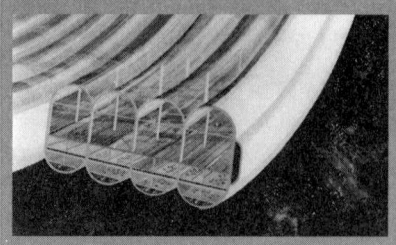

விண்வெளியில் விவசாயப் பண்ணை!

சர்வதேச விண்வெளி மையத்தில் விவசாயப் பண்ணை அமைப்பதில் ஜப்பான் விஞ்ஞானி தீவிரமாக உள்ளார். அமெரிக்கா, ரஷ்யா, ஜப்பான் உள்ளிட்ட நாடுகள் நடுவானில் சர்வதேச விண்வெளி மையத்தை அமைத்து வருகின்றன. சோயுஷ் விண்கலம் மூலம் சென்று அங்கு ஆய்வகம் (பரிசோதனைக் கூடம்) அமைக்கும் பணியில் ஈடுபட்டு வருகின்றன. அத்துடன் அங்கு விவசாய பண்ணை அமைத்து அதில் காய்கறிகளைப் பயிரிடத் திட்டமிட்டுள்ளன. இந்நிலையில் நாளை (புதன் கிழமை) சோயுஷ் விண்கலம் மூலம் விண்வெளி வீரர்கள் சதோஷி புருகவலா (ஜப்பான்), செர்ஜி வல்கோவ் (ரஷியா), மைக்கேல் போகும் (அமெரிக்கா) ஆகியோர் சர்வதேச விண்வெளி மையம் புறப்பட்டு செல்கின்றனர். அப்போது அங்கு விவசாய பண்ணை அமைத்து அதில் வெள்ளரிக்காய் பயிரிட்டு அறுவடை செய்வது குறித்து ஆய்வு மேற்கொள்ள இருக்கிறோம். இதன் மூலம் எதிர்காலத்தில் விண்வெளி வீரர்கள் தங்களுக்கு தேவையான காய்கறிகளை அங்கேயே அவர்கள் உற்பத்தி செய்ய முடியும் என்றார். மேலும் அவர் கூறும்போது, விண்வெளியில் எங்களால் வெள்ளரிக்காய்களை சாப்பிட முடியும். ஆனால் அதற்கு எங்களுக்கு அனுமதி இல்லை என்று நகைச்சுவையுடன் கூறினார். ரஷிய விண்வெளி வீரர் செர்ஜி வால்கோவ் கூறும்போது, விண்வெளி மையத்தில் சாலட் தயாரிக்க அனுமதி அளித்தால் அங்கு தக்காளியை உற்பத்தி செய்யவும் தயாராக இருக்கிறோம். எனக்கு வறுத்த உருளைக்கிழங்கும் சாப்பிட பிடிக்கும் என்று நகைச்சுவை உணர்வுடன் கூறினார்.

8

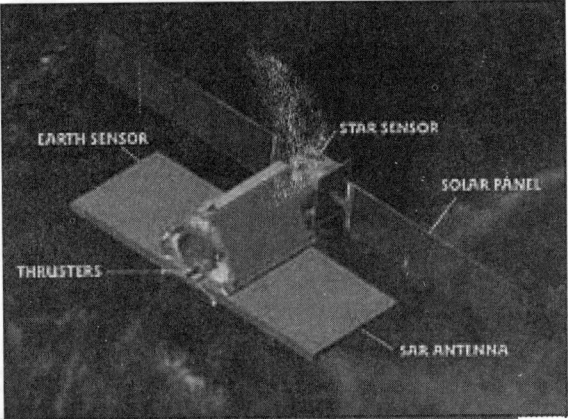

ரிசாட் 1

பத்தாண்டுகளுக்கும் மேலாக பல நூறு இந்திய அறிவியலாளர்களும் பொறியியலாளர்களும் உழைத்து உருவாக்கியது ரிசாட்1 என்ற மைக்ரோ அலை தொலையுணர் செயற்கைக் கோள். அதை எடுத்துக் கொண்டு பி.எஸ்.எல்.வி 19 விண்கலம் 2012 ஏப்ரல் 26-ந் தேதி அதிகாலை சிரிகரிகோட்டா விண்வெளித் தளத்திலிருந்து சீறிப் பாய்ந்தது. அதனால் மைக்ரோ அலைத் தொலையுணர் செயற்கைகோள் தொழில் நுட்பத்தைக் கைக்கொண்ட உலகின் ஐந்தாவது நாடென்ற சிறப்பை இந்தியா பெற்றது.

அதைக் கண்டு இந்தியாவே மகிழ்ந்தது. ஆனால் எனது மகிழ்வுக்குப் பலப்பல காரணங்கள். அந்த மகிழ்வுக்குக் காரணங்கள் எவை எனப் பார்க்கும் முன், இதுவரை இருபத்தைந்துக்கும் அதிகமான தொலையுணர் செயற்கைக் கோள்களைத் தயாரித்து விண்ணில் செலுத்தி வெற்றி கண்டுள்ளது, இந்திய விண்வெளி ஆய்வகம். இருந்தும் இந்தச் செயற்கைக் கோளின் சிறப்புத்தான் என்ன?

பொதுவாகப் பார்த்தால், தொலையுணர் செயற்கைக் கோள்கள் அந்தக் காலப் புகைப்படக் கருவிகள் போலச் செயல்படுகின்றன. அதாவது சரியான அளவில் சூரிய ஒளிக்கதிர் படும் இடங்களை மட்டுமே படம் பிடிக்கும். சூரிய ஒளியின் பிரதிபலிப்பின் உதவியுடன், அந்தக் காலப் புகைப்படக்கருவிகள் போலவே இதுவரை விண்ணில் அனுப்பிய செயற்கைக் கோள்கள் செயல்பட்டு வந்தன. அந்த வகையில், செயற்கைக் கோள்கள் மூலம் எடுத்து அனுப்பப்படும் படங்கள் மூலம் மிகப்பல செயல்களைச் செய்ய முடிகிறது. நிலவளம், நீர்நிலை, கடலில் மீன் வளம், பருவ நிலை, காடு வளம் எனப் பலதும் காண முடிகிறது. கிட்டத்தட்ட இருபத்தைந்து வருடங்களாக இதைச் செய்து வருகிறோம். ஆனால் அந்தக் காலப் புகைப்படக் கருவி போலவே சூரிய ஒளி இல்லாத இரவுகளிலும், கரு மேகம் படர்ந்த மழைக்காலத்திலும் படம் எடுக்க முடியாது.

ஆனால், ப்ளாஷ் என்ற அதி ஒளி வெளிச்ச விளக்கின் உதவியுடன் இரவிலும், சூரிய ஒளி குறைந்த மழைக் காலங்களிலும் படமெடுக்க முடிகிறது. அதாவது சூரிய

ஒளிக்குப் பதில் செயற்கை ஒளிகொண்டு படம் எடுக்கும் பாணி இது. கிட்டத்தட்ட இந்த முறையில் விண்ணிலிருந்து சூரிய ஒளியின் உதவியின்றி படம் எடுக்கும் சிறப்புத்தான் மைக்ரோ அலை தொலையுணர் செயற்கைக் கோள். ஆனால் செயற்கைக் கோள் விண்ணில்

பறக்கும் 600 கிலோமீட்டர் உயரத்திலிருந்து ஒளிபாய்ச்சிப் படம் எடுப்பது மிகக்கடினம். ஆனால் மைக்ரோ அலைக்கதிரை செயற்கைக் கோளில் உருவாக்கி அதைப் பூமியை நோக்கிப் பாய்ச்சி அதன் பிரதிபலிப்பைப் பிடித்து ஆய்வதன் மூலம் நாடு முழுவதுமுள்ள விவசாய நிலங்களைப் பற்றி அறிய முடியும். மழைக் கால வெள்ளச் சேதம், பனி மலைகள், காட்டு வளம், காட்டுத்தீ, விவசாய நிலத்தின் ஈரப்பதம் எனப் பல தகவல்களை அறிய முடியும்.

இந்தக் காரியங்களுக்காக விண்ணில் செலுத்தப்பட்ட ரிசாட்1 (ரிசாட் 1ன் கடைசி கட்ட வேலைகளைக் காட்டும் படத்தை பின்னர் இணைக்கப்பட்டுள்ள வண்ணப் படத்தில் காணலாம்) எடை 1858 கிலோ. செயற்கைக் கோளில் மைக்ரோ அலையை உருவாக்கி பூமியை நோக்கி அனுப்பவும், அதைத் திரும்பப் பெறவும் தலா இரண்டு மீட்டர் நீளம் கொண்ட மூன்று ஆண்டெனாக்கள் பொறுத்தப்பட்டுள்ளன. மைக்ரோ அலையை உருவாக்கத் தேவையான சக்தி விசை அளவு அதிகபட்சம் 3000-வாட். இதற்காக ஆறு பெரிய சூரியத் தகடுகள் பொருத்தப்பட்டுள்ளன. செயற்கைக்கோள் கிட்டத்தட்ட 530 கி.மீ துருவ வட்டப் பாதையில் பூமியைத் தினமும் பதினான்கு முறை சுற்றி வருகிறது. அடுத்த ஐந்து ஆண்டுகளுக்கு அதன் பணி இருக்கும். பெங்களூரில் உள்ள தரைக் கட்டுப்பாட்டு நிலையம் செயற்கைக்கோளின் பணிகளைக் கண்காணித்துக் கட்டுப்படுத்துகிறது. ஐதராபாத்திலுள்ள தரை நிலையம் செயற்கைக்கோளின் சமிக்கைகளைப் பெற்று ஆய்வுக்குத் தேவை யான படங்களாக மாற்றிக் கொடுக்கிறது.

என் தலைமையில் இயங்கும் இந்திய தொலையுணர் செயற்கைக் கோள் திட்டங்களில் (IRS Programme) ஒன்றான ரிசாட்1 திட்ட இயக்குனர் திருமதி. வளர்மதி ஒரு தமிழகப் பெண்விஞ்ஞானி என்பது ஒரு சிறப்பாகும்.

நிலவில் இருந்து மின்சாரம்

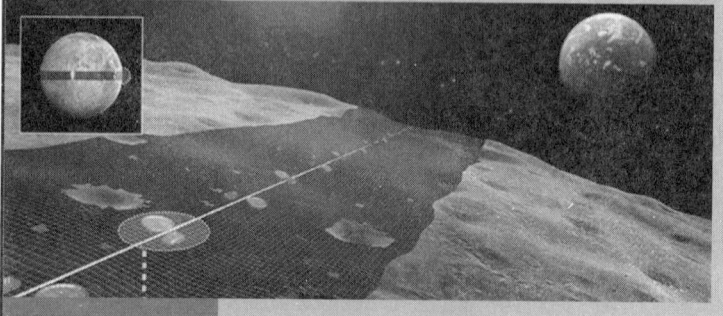

நிலவின் மீது கணிசமான அளவு சூரிய வெளிச்சம் விழுந்து கொண்டே இருக்கிறது. இந்த சூரிய ஒளியில் இருந்து மின்சாரம் தயாரிக்க வேண்டும். பின்னர் அதை பூமிக்கு அனுப்ப வேண்டும். இந்த முறையில் 13 ஆயிரம் டெர்ரா வாட் அளவு மின்சாரத்தை தொடர்ந்து தயாரித்து ரோபோ தொழில்நுட்பத்தை பயன்படுத்தி பூமிக்கு அனுப்ப முடியும். இதன் மூலம் பூமியின் மின்சாரத் தேவையை முழுமையாக பூர்த்தி செய்ய முடியும்.

நிலவில் மின்சாரம் தயாரிக்கும் பணி மற்றும் அந்த மின்சாரத்தை பூமிக்கு அனுப்பும் பணி ஆகியவற்றில் என்றும் இதன் மூலம் செலவுகளை குறைக்க முடியும் என்பதும் ஜப்பானின் நிறுவனமான ஷீமிஷூ கார்ப்பரேசனின் திட்டமாகும்.

தற்போது காகித அளவில் இருக்கும் இந்தத் திட்டத்தை நடைமுறைப் படுத்துவது எந்த அளவுக்கு சாத்தியம் என்பது பற்றி அந்த நிறுவனம் விளக்கங்களையும் அளித்துள்ளது.

9

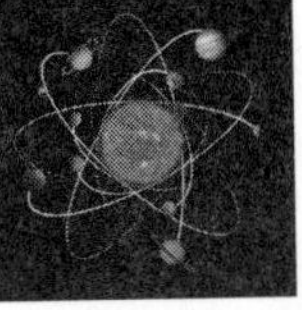

அடிப்படை அறிவும், அறிவியலின் வளர்ச்சியும்

2011 அக்டோபர் 22-ந்தேதி ஸ்ரீஹரிகோட்டாவில் இருந்து செலுத்தப்பட்ட நான்கு செயற்கைக் கோள்களில் இரண்டு இந்தியக் கல்லூரி மாணவர்கள் செய்தவை.

இதற்குப் பின் பல கல்லூரிகளும், கல்லூரி மாணவர்களும், தாங்களும் அப்படிப்பட்ட செயற்கைக் கோள்களைச் செய்வதாக விருப்பம் தெரிவித்து எங்களை அணுகியுள்ளார்கள். அதே வகையில் **"வளரும் அறிவியல்"** வலைத்தளம் ஏறியுள்ளது. அதன்மூலம் நீங்கள் வலைத்தளம் மூலமாக எங்களுடன்

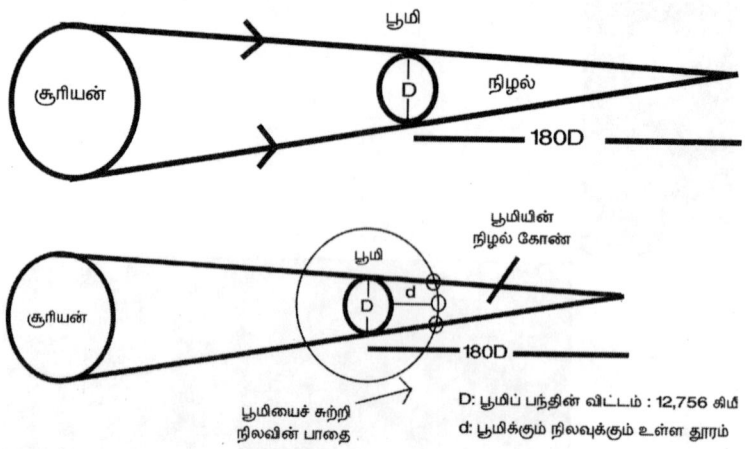

D: பூமிப் பந்தின் விட்டம் : 12,756 கிமீ
d: பூமிக்கும் நிலவுக்கும் உள்ள தூரம்

தொடர்பு கொள்ளவும், உங்கள் அறிவியல் கட்டுரைகளை சமர்ப்பிக்கவும் முடியும்.

அற்புதமாய் வளர்ந்துள்ள அறிவியலின் அசுர வளர்ச்சியின் அடையாளமான இரு துளிகள் இவை.

அந்த வளர்ச்சிக்கு ஏற்ற மாதிரி நம்மையும் வளர்த்துக் கொள்வது அவசியம். ஆனால் அந்த வளர்ச்சி நம்மைத் தயார் செய்யும் அதே சமயத்தில் அடிப்படைகளை அறிந்து கொள்வது மிக அவசியம். உதாரணத்திற்கு இன்று கணிப்பான் (கால்குலேட்டர்) பள்ளி மாணவன் கையில் கூட இருக்கிறது. எந்த ஒரு பெரிய பெருக்கலையும், வகுத்தலையும் கடந்து சிக்கலான புள்ளி விவரக் கணக்குகளைக் கூட சில நொடிகளில் முடிக்க சில பொத்தான்களைத் தட்டினால் உடனே விடை பளிச்சிடும். இந்த இடத்தில் வாய்ப்பாடு பெருக்கல், வகுத்தல் சரளமாகச் செய்யத் தெரியாத ஒரு மாணவன் கணிப்பானை இயக்குவதால் மட்டுமே கணிதத்தில் முன்னிலைக்கு வரமுயல்வது சரியாகுமா?

அதே வேளையில் விண்வெளி அறிவியலின் சில அடிப்படைகளைப் புரியாமல் செயற்கைக்கோள் என்ற ஒரு இயந்திரப் பெட்டியைச் செய்வதால் மட்டுமே ஒருவர் விண்வெளி அறிவியலாளனாக மாற எத்தனிப்பது சரியாகாது.

செயற்கைக் கோள் தொழில் நுட்பத்துடன் விண்வெளி இயக்கத்தின் சூட்சுமங்கள் அறிந்தால் ஒரு நல்ல

அறிவியலாளனாக உருவாக அது வழிவகுக்கும். உதாரணத்திற்கு பூமியை நிலா சுற்றி வருகிறது என்பதையும், ஒருமுறை பூமியை நிலா சுற்றிவர சற்றேரக்குறைய 27 1/2 நாட்கள் பிடிக்கும் என்பதையும் தினம் சில மணித்துளிகள் நிலவைப் பார்க்கும் ஒருவரால் ஒரு மாதத்திற்குள் தனக்குத் தானே உணர்ந்து அறிய முடியும். அது மாதிரியான சிறு சிறு உற்று நோக்கல்கள் ஒரு மனிதனின் அறிவியல் கண்ணோட்டத்தின் ஆரம்ப நிலை.

அந்த வகையில் உதாரணத்திற்கு வருங்காலத்தில் நிலவில் கால் பதிக்க ஆசைப்படும் இளைஞர்களும், அப்படிபட்ட இளைஞர்களை உருவாக்கத் துடிக்கும் ஆசிரியர்களும், பெற்றோர்களும், அறிவியல் முறையில் நிலவை அறிந்து கொள்ள முயலலாம்.

அதற்கான ஒரு சிறு பொறியைத் தூண்டுவதே இந்தக் கட்டுரையின் நோக்கம். நிலவு பூமியை விட்டு அதாவது சந்திர கிரகணத்தன்று நிலவு பூமியின் நிழலில் எப்போது நுழைகிறது, பரப்பில் எப்படி பயணிக்கிறது எப்போது நிழலை விட்டு வெளியே வருகிறது என்பதைக் கணக்கிட்டு அதன் மூலம் பூமியின் நிழல் கோணில் எந்த இடத்தில் நிலவு பயணிக்கிறது என்பதை அறிய முடியும். அதிலிருந்து எளிதாக நிலவின் தூரத்தைக் கணக்கிட முடியும்.

மேற்சொன்ன உதாரணப் படத்தை மனதில் கொண்டு ஒரு காகிதம், பென்சில், கடிகாரம் மற்றும் முழு நிலவின் படம் ஒன்றின் சில நகல்கள் இவற்றைக் கொண்டு இந்தச்

சோதனையை நீங்களும் செய்ய முடியும். அதற்காக வாய்ப்பு வரும் டிசம்பரில் உங்களுக்கு வரவுள்ளது. அதற்கான செய்முறை விளக்கத்தை இங்கே எழுதுவது கொஞ்சம் கடினம். விருப்பமுள்ள நீங்கள், தயார் என்றால் www.valarumariviyal.com-ல் உங்களைப் பதிவு செய்யுங்கள். உங்களுக்கு இந்தச் சோதனைக்கு உதவும்படியான சில யோசனைகளை நாங்கள் தருகிறோம்.

ஒன்றைப் புரிந்து கொள்ளுங்கள், நிலவில் இறங்குவது மட்டும் அறிவியலல்ல, நிலவை ஆய்வதும், நிலவில் சக மனிதனை இறங்க வைப்பதுமே வளரும் அறிவியலின் அடிப்படைத் தத்துவம்.

10

சந்திரயானும் நிலவில் நீர் கண்டுபிடிப்பும்

மனிதன் சிந்தனைச் சக்தி பெற்று தான் பிறந்த மண்ணையும், தனக்கு மேலுள்ள விண்ணையும் ஆராயத் தொடங்கிய நாள் முதல் நிலவு மனித எண்ணங்களை வசீகரித்து உள்ளது. கைக்கு எட்டும் தூரத்தில் இருப்பதுபோலத் தோன்றினாலும், கடந்த நூற்றாண்டில் தோன்றிய 'விண்வெளி யுகம்' வருவதற்கு முன்புவரை நிலவினைப் பற்றி நமக்கு அதிகமாகத் தெரிந்திருக்கவில்லை. தொலைநோக்கிகள் மூலம் ஆராய்ச்சிகள் மேற்கொள்ளப்பட்டு வந்தாலும்

செயற்கைக்கோள் தொழில்நுட்பம் வந்த பிறகே நிலவினைப் பற்றிய உண்மைகளும் பலப்பல புதிய தகவல்களும் நமக்குக் கிடைக்கப்பெற்றன.

அறுபதுகளில் தொடங்கி தொண்ணூறுகளின் இறுதியில் நாம் செயற்கைக் கோள் தொழில்நுட்பத்தில் அவற்றை விண்ணில் ஏவும் விண்செலுத்தி தொழில்நுட்பத்தில் தன்னிறைவு அடைந்தோம். தொலைத்தொடர்பு விரிவாக்கம், இயற்கை வளங்கள் மேலாண்மை போன்ற அத்தியாவசியங்களை விண்வெளி ஆராய்ச்சி மற்றும் மேம்பாட்டின் மூலம் கொண்டு வந்து நாம் மக்களின் அன்றாட வாழ்க்கை முன்னேற்றம் அடைந்ததைக் கண்டோம்.

இதன் தொடர்ச்சியாக நம்மிடையே ஒரு சிந்தனை தலை தூக்கியது. எழுபதுகளில் சோவியத் ரஷ்யாவும், அமெரிக்காவும் நிலவை நோக்கி வைத்திருந்த பார்வையை நாம் மேலும் கூர்மையாக்க இயலும் என்ற தன்னம்பிக்கை நம்மிடையே உருவானது. இதனைப் பனிப்போருக்காகவோ, பண்பாடற்ற பகட்டுக்காகவோ இன்றி மனித இனத்தின் முன்னோக்கிய நூற்றாண்டுகளைச் சற்றே தூக்கி நிறுத்தும் முயற்சியாகப் பார்த்தோம்.

அப்போது பிறந்ததுதான் சந்திரயான் - 1 செயற்கைக் கோள் திட்டம்.

நிலவில் உயிரினங்கள் தோன்றுவது அசாத்தியம் என்பதும், நீரும், காற்றும் பெரும்பாலும் இல்லாத காரணத்தால் மனித இனம் அங்கே சென்று உயிர் வாழ்வது மிகவும் கடினம் என்பதும் பரவலான கருத்தாக உருவானது.

எனவே நிலவைப் பற்றி இதுவரை அறியப்பட்ட விவரங்களை அடிக்கோடாகக் கொண்டு நிலவின் முழு தரைமட்டத்தையும் ஆய்வு செய்து பல்வேறு தரப்பட்ட தகவல்கள் சேகரிப்பது என்பது சந்திரயான் -1 (சந்திராயன் 1ஐ வண்ணப்படத்தில் காண்க) செயற்கைக் கோளின் செயல்திட்டத்தின் அடிப்படைக் குறிக்கோளாக உருவானது.

நிலவின் முழு தரைப் பரப்பையும் முப்பரிமாண புகைப் படம் எடுப்பது, கனிம மற்றும் வேதியியல் கூறுகளின் பரவல்தன்மையை ஆராய்ந்து வரைபடம் உருவாக்குவது, அதுவரை ஆய்வு செய்யப்படாத நிலவின் நிழல் பகுதிகளில் ஆய்வு மேற்கொள்வது, நீர் உள்ளதா அல்லது நீர் அமையும் சாத்தியக்கூறுகள் உள்ளதா என்பதை அறிவது, நிலவின் காந்த

படம்: 1 சந்திரயான் 1 செயற்கைக்கோள்

படம்: 3 நிலத் திறம் - நிலவில் நீர்

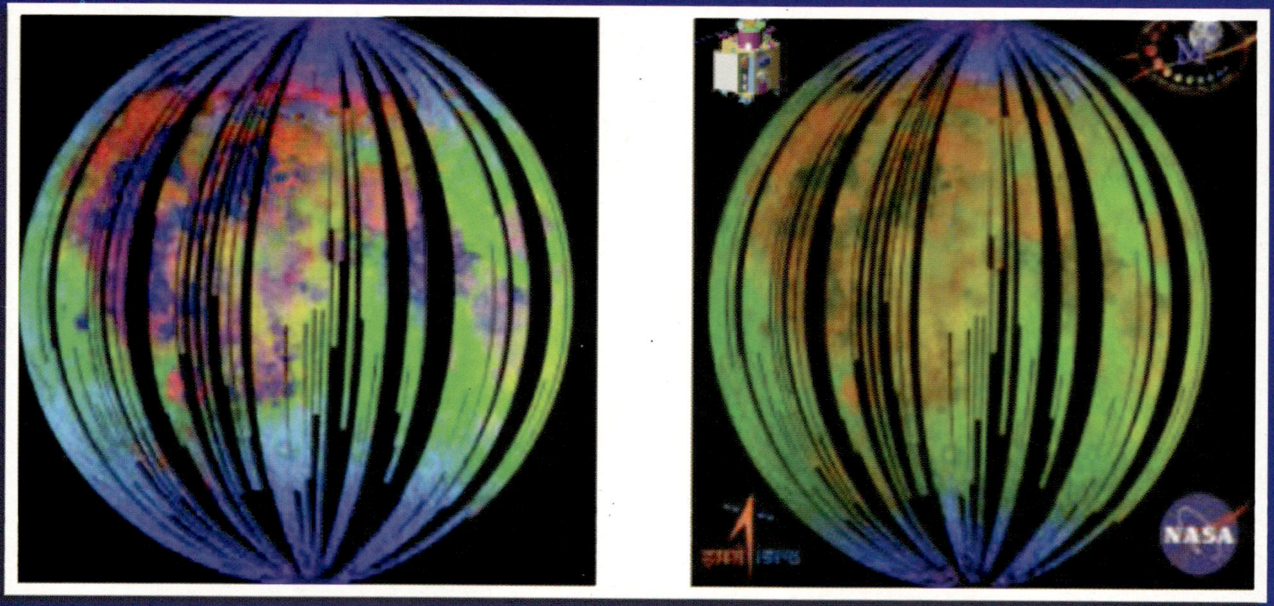

படம் 4 : நிலவின் துருவப் பகுதியில் பனிவடிவ நீர்

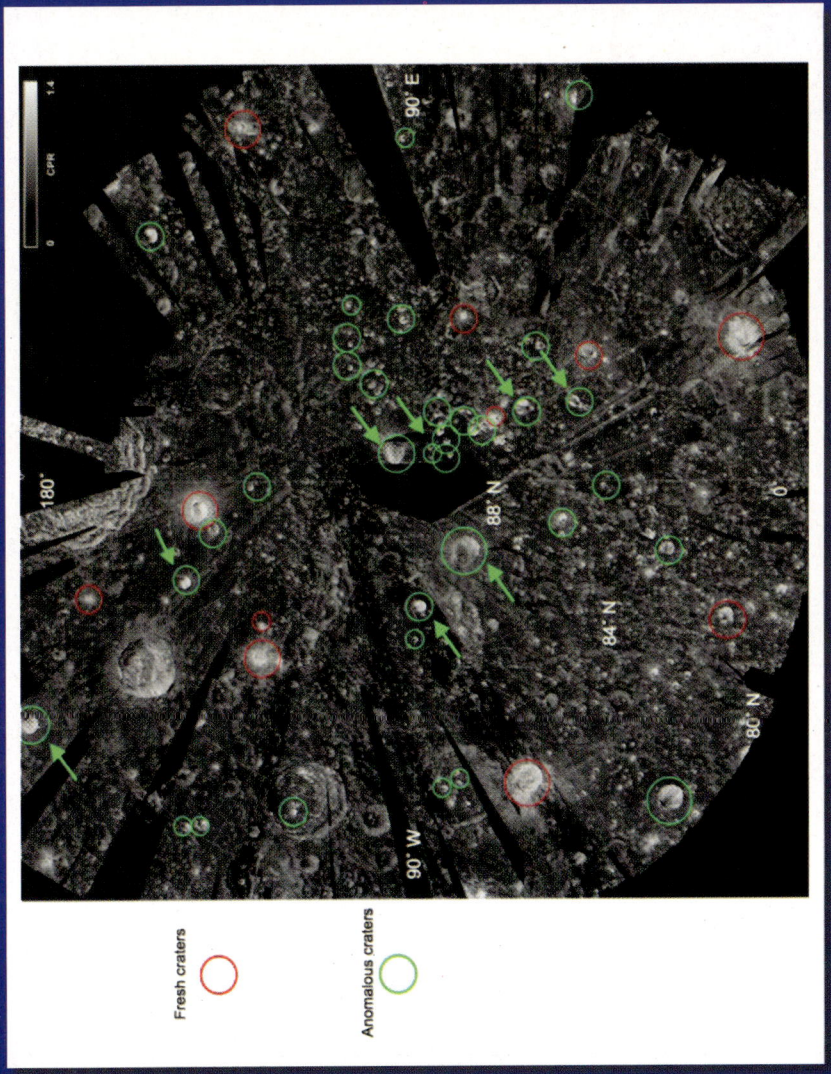

ரிசாட் 1 கடைசி கட்ட வேலைகள்

சக்தி மற்றும் அணுக்கதிரியக்கத் தன்மைகளைக் கண்டறிவது ஆகியவை சந்திரயான்-1 திட்டத்தின் செயல்முறை முடிவுகளாக அமைந்தன.

சந்திரயான்-1 செயல்திட்டம் பல அசாத்திய நிகழ்வுகளைத் தன்னகத்தே கொண்டுள்ளது. நம் நாட்டில் உள்ள பல்வேறு ஆராய்ச்சிக் கூடங்களில் வடிவமைக்கப்பட்ட ஐந்து அறிவியல் கருவிகள் சந்திரயான்-1 செயற்கைக் கோளில் இடம் பெற்றன.

நிலவில் நீர் உள்ளதா அல்லது நீரின் மூலக்கூறுகள் உள்ளனவா அல்லது அவை அமையும் சாத்தியக்கூறுகள் உள்ளனவா என்று அறிந்தோமானால் அங்கே சிறிய உயிரினங்களேனும் உள்ளனவா, இல்லை தோன்றக்கூடிய சாத்தியக்கூறுகள் உள்ளனவா என்ற நமது கேள்விக்கு விடை காண்பது எளிது. இதனையே சந்திரயான்-1 செய்துள்ளது.

சந்திரயான்-1 செயற்கைக் கோள் மிகப்பெரிய வெற்றிகளைத் தந்துள்ளது. முதன் முறையாக மூன்றே முக்கால் லட்சம் கிலோ மீட்டருக்கு மேலாகப் பயணம் செய்த முதல் இந்தியச் செயற்கைக் கோள் என்பதும், பதினோரு அறிவியல் கருவிகளைச் சுமந்து சென்று வெற்றிகரமாக அவற்றை இயக்கிப் பல அறிவியல் பயன்களைத் தந்துள்ளது என்பதும், பல வெளிநாட்டுக் கருவிகளை ஏற்று நிலவுக்குச் சுமந்து சென்றதால் பன்னாட்டுப் பங்களிப்புக்கும், ஒற்றுமைக்கும் வழி வகுத்துள்ளது என்பதும், இதே வகையைச் சேர்ந்த அயல்நாட்டுச் செயற்கைக் கோள்களுடன் ஒப்பிடுகையில் பாதிக்கும் குறைவான தயாரிப்புச் செலவில் மொத்தத் திட்டமும் அடங்கியுள்ளது என்பதும் ஆகிய பெருமைகள் சந்திரயான்-1 செயற்கைக் கோள் மூலமாக நமது நாட்டிற்குக் கிடைத்த மிகப்பெரிய வெற்றிகள் என்றால் அது மிகையாகாது. அத்துடன் ஒரு படி மேலாக சந்திரயான்-2 மற்றும் செவ்வாய்க் கிரக ஆய்வுக்கும் சந்திரயான்-1 அடி கோலியுள்ளது.

பத்தாம் வகுப்பு அறிவியல் பாடத்தில் சந்திரயான்-1 இடம் பெற்றுள்ளது. அப்படி அதன் சிறப்புத்தான் என்ன?.

'நீர் இன்றி அமையாது உலகு' என்பது நமது தெய்வப்புலவர் திருவள்ளுவரின் வாக்கு. நமது உலகில் உயிரினங்கள் தோன்ற முக்கியமான காரணிகளுள் நீர் பிரதானமாகும். கடல்வாழ் உயிரினங்களே நமது பூமியில் முதன் முதலில் தோன்றியவை என்பது உயிரியல் அறிவியலாளர்களின் ஒரு முக்கியமான கண்டுபிடிப்பாகும். இவ்வாறு கடலில் தோன்றுவதற்கு காரணம் பூமி தோன்றிய ஆரம்பக் காலங்களில் பிராணவாயு பெருமளவில் கடல்நீரில் இருந்ததனால் எனலாம்.

உயிர் அணுக்கள் வளர்வதற்கும், அவற்றினுள் நடைபெறும் பல்வேறு இயக்கங்கள் சரியான முறையில் இருக்கவும் தேவையான சக்தி பிராணவாயு மூலம் பெறப்படுகின்றது. இந்தப் பிராணவாயு உடல்முழுதும் சென்றடைய உதவுவது நமது இரத்த ஓட்டம். இரத்த ஓட்டத்திற்கு மிகவும் இன்றியமையாதது நீர் ஆகும். எனவே நமது சூரியக் குடும்பத்திலோ அல்லது அதற்கு அப்பாற்பட்ட வேறு கிரகங்களிலோ உயிர்வகைகள் இருக்குமாயின் அவை நீரைச் சார்ந்ததாகவே இருக்கும் என்பது நமது நம்பிக்கை.

பூமி தோன்றி பலகோடி வருடங்களுக்குப் பிறகே முதல் உயிரணுக்கள் இங்கே தோன்றியிருக்கலாம் என்பது ஒரு முக்கியமான கணிப்பு. சூரியக் குடும்பத்தில் நமது பூமியைத்தவிர வேறு எந்த கிரகத்திலும் உயிர்வகைகள் இல்லை என்பது அறிவியல் வகையிலான நமது யூகம். சரியான மூலக்கூறுகள், சரியான சூழ்நிலை, சரியான தட்பவெட்பம், மூலக்கூறுகளின் சரியான கலவை அளவுகள் ஆகிய நான்கு முக்கியமான காரணிகளும் சேர்ந்து இந்த பூமியில் முதன்முதலாக உயிரணுக்கள் தோன்ற வழி வகுத்துள்ளன.

நிலவில் உயிரணுக்கள் உள்ளனவா, இல்லை அமைவதற் கான சாத்தியக்கூறுகள் உள்ளனவா என நாம் அறிய முற்படுகையில் மேலே சொன்ன பூமியின் சரித்திரம் நமக்குக் கை கொடுக்கிறது. தற்போது உள்ள கால கட்டத்தில் நிலவு நாம் மேலே கண்ட நான்கு காரணிகளைக் கொண்டு ஏதோ ஒரு தோற்றத்தில் இருக்கலாம். சந்திரயானுக்கு முன்னே சென்ற செயற்கைக் கோள்கள் நிலவில் உயிரினங்கள் பெரும்பாலும் இல்லை என்ற கருத்தை நிலை நிறுத்தியுள்ளன. அப்படியானால் அங்கே குறைந்தபட்சம் நீர் உண்டா? அல்லது நீர் அமையும் சாத்தியக்கூறுகள் உண்டா? என்பதை அறிய வேண்டியது முக்கியமாகிறது. அப்படி இருக்கும் பட்சத்தில் ஒரு செல் உயிரணுக்கள் கொண்ட அமீபா போன்ற உயிரினங்கள் நிலவின் துருவ பிரதேசங்களில் தோன்றியிருக்கலாமோ என்ற வினா எழுகிறது. ‘இருக்கலாம், இல்லாமலும் இருக்கலாம்,’ என்பதே இன்றைய நிலையாக உள்ளது.

நிலவில் உயிரணுக்கள் தோன்ற அல்லது ஏற்கனவே தோன்றியிருக்க வேண்டுமானால் அல்லது தோன்றக்கூடிய சாத்தியக்கூறுகள் இருக்க வேண்டுமானால் அதனை மறைமுகமாக அறிந்து கொள்வது சுலபமாக அமையும்.. காரணம் என்னவென்றால் நிலவில் உயிரினங்கள் இருக்கின்றனவா, இல்லையா என்பதை நேரடியாகச் சென்றோ

அல்லது தொலை இயக்கி செயல்திட்டங்கள் மூலமோ ஆராய்வது ஒரு குறிப்பிட்ட அளவுக்கே சாத்தியமாகும். இதனையே அமெரிக்கர்களும், ரஷ்யர்களும் செய்துள்ளார்கள். ஆனால் நிலவின் முழுப் பகுதிகளையும் அவ்வாறு ஆராய வேண்டுமென்றால் அது மிக மிகக் கடினமானது மட்டுமன்றி இந்த காலகட்டத்திற்கு அவசியமற்றதும் கூட. மாறாக நீர் இருப்பதற்கான மறைமுக காரணிகள், இருக்கின்றனவா? இல்லையா? என்று உறுதியாகக் கண்டறிந்தோமானால் நமது கேள்விக்கு விடைகள் தாமாக வரும், கடலில் இருக்கும் கப்பல்கள் கலங்கரை விளக்கம் இருந்தால் நிலப்பரப்பு அருகில் உள்ளது என்பதை உணர்வது போல. இந்த முறையில் நிலவில் நீர் உள்ளதா? அல்லது நீரின் மூலக்கூறுகள் உள்ளனவா? அல்லது அவை அமையும் சாத்தியக்கூறுகள் உள்ளனவா என்று அறிந்தோமானால் அங்கே சிறிய உயிரினங்களேனும் உள்ளனவா, இல்லை தோன்றக்கூடிய சாத்தியக்கூறுகள் உள்ளனவா என்ற நமது கேள்விக்கு விடை காண்பது எளிது. இதனையே சந்திரயான்-1 செய்துள்ளது.

மேலே சொன்ன கேள்விகளுக்கு பதில் காணும் பொருட்டு சந்திரயான்-1 செயல்திட்டம் பல அசாத்திய நிகழ்வுகளை தன்னகத்தே கொண்டிருந்தது. நம் நாட்டிலே உள்ள பல்வேறு ஆராய்ச்சிக் கூடங்களில் வடிவமைக்கப்பட்ட ஐந்து அறிவியல் கருவிகளும் சந்திரயான்-1 செயற்கை கோளில் இடம் பெற்றன. அத்துடன் அதுவரை இல்லாத முறையில் உலகின் பல நாடுகளில் இருந்தும் ஆய்வுக்கூடக் கருவிகளை சந்திரயான்-1 செயற்கைக் கோள் சுமந்து சென்றுள்ளது.

அமெரிக்காவில் இருந்து 2 கருவிகள், ஐரோப்பாவில் இருந்து 3 கருவிகள், பல்கேரியாவில் இருந்து ஒரு கருவி என ஆறு அறிவியல் நோக்கிலான அயல்நாட்டு கருவிகளுக்கு தாங்குமேடையாக சந்திரயான்-1 திகழ்ந்தது. ஐரோப்பிய கருவிகள் இரண்டில் நமது பணி சரிசமமாக இருந்தது. இந்தப் பதினோரு அறிவியல் கருவிகளும் மேலே சொல்லப்பட்ட சந்திரயான்-1 செயல்திட்டத்தின் அடிப்படைக் குறிக்கோள்களை ஒன்றுக்கொன்று முரண்பாடற்ற வகையில் அதற்கு மாறாக ஒத்துப் போகும் தன்மைகள் உடையனவாக வடிவமைக்கப்பட்டு சந்திரயான்-1 செயற்கைக் கோளால் உயிரூட்டம் பெற்றன.

இந்தக் கருவிகள் மேலும் பல புதிய நிகழ்வுகளை நிலவின் அருகில் சென்று ஆராய்ந்து தகவல் சேகரிக்கும் தன்மைகளை உள்ளடக்கியனவாக வடிவமைக்கப்பட்டன. உதாரணமாக,

'நிலவின் தரையில் மோதி உணரும்' கருவி தன்னகத்தே ஒரு நிழல்பட கருவியையும், உயரம் உணர் கருவியையும், ஒளிக்கதிர்களைப் பகிர்ந்து ஆராயும் பகுப்புமானியையும் உள்ளடக்கியிருந்தது. இதன்மூலம் சந்திரயான்-1 செயற்கைக் கோளை விட்டு நிலவை நோக்கிப் பாய்ந்து செல்கையில் நிலவின் துல்லியமான வாயு மண்டலத்தைக் கணிக்கவும், எதிர்காலத்தில் சுமுகமாக நிலவில் தரையிறங்குவதற்குத் தேவையான செயல் முறைகள் மற்றும் அளவைகளையும் கண்டுணர்ந்து பூமிக்கு தகவல் கொடுக்கும் சிறப்பம்சங்களுடன் இந்தக் கருவி விளங்கியது.

இதனைப் போன்றே பதினோரு கருவிகளும் ஒவ்வொரு புதிய ஆரய்ச்சியில் ஈடுபட்டு நிலவின் பல்வேறு தன்மைகளைக் கண்டுணர்வதற்கு ஏதுவாக வடிவமைக்கப்பட்டிருந்தன.

'சந்திரயான்-1'ல் பொருத்தப்பட்ட 'நிலவின் கனிம வளம் காணும்' (Moon Mineralogy Mapper) கருவி செயற்கைக் கோள் நிலவின் சுற்றுப்பாதையை அடைந்தவுடன் மற்ற கருவி களைப்போல் நன்கு இயங்கத் தொடங்கியது. இது மின்காந்த அலைவரிசை தொகுப்பில் கண்ணுக்குப் புலப்படும் கதிர்வீச்சு அலைவரிசைகளிலும், இளஞ்சிவப்பு அலைவரிசைகளிலும் நிலவின் தரைமட்டத்தில் இருந்து பெறப்படும் உறிஞ்சப்பட்ட மற்றும் உமிழப்பட்ட கதிர்களைக் கண்டறியும் திறன் வாய்ந்தது.

நிலவின் தரைமட்டத்தில் 1 முதல் 2 மில்லி மீட்டர் கனத்தி லுள்ள மண்ணில் பரவிக் கிடக்கும் பிளேச்சியோகிளாஸ் மற்றும் பைராக்சின் எனப்படும் துகள்களினூடே சூரிய அலைக் கதிர்கள் பட்டுச் செல்லும்போது ஒளிக்கதிர்கள் உறிஞ்சுதல் ஏற்படுகின்றது. அதன்பின்னர் இந்தக் கதிர்கள் பட்டுத் தெறித்து பின்னோக்கி உமிழப்படும் போது அலைக்கதிர்களிடையே இந்த உறிஞ்சப்பட்ட கதிர்களின் விவரங்கள் அடங்கியிருக்கும்.

நிலவின் தரைமட்டத்தில் நீரோ அல்லது நீரின் மூலக் கூறுகளான ஹைட்ராக்சில் மற்றும் ஹைட்ரஜன் ஆகிய தனித்தியங்கும் அணுக் குழுமங்களோ இருக்கும் பட்சத்தில் சூரியனில் இருந்து வந்து நிலவில் பட்டுத் தெறிக்கும் ஒளிக்கதிர்களில் அவற்றின் அத்தாட்சிகள் பதிந்திருக்கும். அதாவது இந்த அணுக்குழுமங்கள் சூரிய ஒளிக்கதிர்களில் உள்ள மூன்று மைக்ரோ மீட்டர் அலைவரிசையிலுள்ள கதிர்களை உறிஞ்சிய பின்னர் மீதி இருக்கும் கதிர்களைத்

தெறித்துவிடும். இப்படிப் பின்னோக்கி தெறிக்கப்பட்டு வரும் ஒளிக்கதிர்களை தகுந்த முறையில் சேகரித்து ஆராய்ந்து பார்த்தோமானால் உறிஞ்சப்பட்ட மற்றும் உமிழப்பட்ட கதிர்கள் தொகுப்பிலிருந்து நிலவில் நீர் உண்டா? இல்லை அதன் மூலக்கூறுகள் உண்டா? என்பதைக் கணித்துவிடலாம். ஆகையால் சூரியக்கதிர்கள் நிலவில் படும் இடங்களில் 'நிலவின் கனிம வளம் காணும்' கருவி மூலம் ஆராய்ச்சி மேற்கொள்ளப்பட்டது. மேலே கூறப்பட்ட, உறிஞ்சப்பட்ட மற்றும் உமிழப்பட்ட ஒளிக்கதிர்களை சேகரித்து ஆராயும் முறை கையாளப்பட்டது.

கதிர் அலைவரிசை தொகுப்பில் மூன்று மைக்ரோ மீட்டர் அலைவரிசையிலுள்ள கதிர்கள் 'உறிஞ்சப்படுதல்' நிலவின் பல இடங்களில் இருந்து சேகரிக்கப்பட்ட தகவல் தொகுப்புகளில் காணப்பட்டது. இதிலிருந்து ஏறக்குறைய நிலவின் எல்லாப் பகுதிகளிலும் நீர் இருப்பதற்கு ஆதாரமான ஹைட்ராக்சில் மற்றும் ஹைட்ரஜன் மூலக்கூறுகள் இருப்பது உறுதி செய்யப்பட்டது. அது மட்டுமன்றி நீர் உருவாவதற்கான செயல்முறைகள் சிறிய அளவில் பரவலாக நிலவின் பரப்பில் ஏகமாக நடந்து கொண்டிருப்பதும் உறுதி செய்யப்பட்டுள்ளது.

இத்துடன் இந்த மூன்று மைக்ரோ மீட்டர் அலைவரிசையிலுள்ள கதிர்கள் 'உறிஞ்சப் படுதல்' செய்கையானது, சூரியக்கதிர்கள் நிலவின் தரைமட்டதில் விழும் கோணத்தைப் பொறுத்தது என்பதும், துருவப் பகுதிகளை நோக்கிச் செல்கையில் இது அதிகமாக உள்ளது என்பதும் (படம் 2), தட்ப வெட்ப நிலைக்கு ஏற்ப மாறுபடுகின்றது என்பதும் பெறப்பட்ட தகவல் திரட்டின் ஆய்விலிருந்து தெளிவாகி உள்ளது.

இவ்வாறாக நிலவின் தரைமட்டத்தில் இதுவரை 'நிலவின் கனிம வளம் காணும்' கருவி ஆய்வு நடத்திய பெரும்பாலான பகுதிகளில் நீரின் மூலக்கூறுகள் வடிவில் நீரின் இருப்பு உள்ளது தெளிவாகியுள்ளது

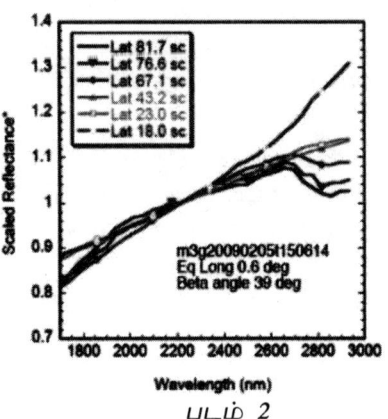

படம் 2

(முன்னர் இணைக்கப்பட்டுள்ள படம் : 3, நீலநிறம் நிலவில் நீர் வண்ணப் படத்தில் பார்க்கவும்) இந்த நூற்றாண்டில் இது ஒரு மிகப் பெரிய கண்டுபிடிப்பு என்பது அறிவியலாளர்கள் பெரும்பாலோரது கணிப்பாகும்.

மேற்கண்ட கண்டுபிடிப்பை சந்திரயான்-1 செயற்கைக் கோள் சுமந்து சென்ற மற்றொரு கருவியான 'சிறிய செயற்கை கண்டுணரும்' கருவியும் (MINI-SAR) உறுதி செய்துள்ளது.

இந்தக் கருவியானது வானொலி அலைகளை நிலவின் துருவப் பகுதிகளை நோக்கிச் செலுத்தி அவற்றைத் திரும்பப் பெற்று, அதனில் ஏற்பட்டுள்ள முனைப்படு மாறுதல் (Polarisation) மூலம் அங்கே பனிக்கட்டிகள் மற்றும் ஹைட்ரஜன் மூலக்கூறுகள் சூரிய ஒளி படாத பல இடங்களில் இருப்பதை உறுதி செய்துள்ளது *(முன்னர் இணைக்கப்பட்டுள்ள படம்: 4, நிலவின் துருவப் பகுதியில் பனிவடிவில் நீர் வண்ணப்படத்தில் பார்க்கவும்).*

சந்திரயான்-1 செயற்கைக் கோள் மிகப்பெரிய வெற்றிகளைத் தந்துள்ளது. முதன் முறையாக மூன்றே முக்கால் லட்சம் கிலோமீட்டருக்கு மேலாக பயணம் செய்த முதல் இந்திய செயற்கைக் கோள் என்பதும், பதினோரு அறிவியல் கருவிகளை சுமந்து சென்று வெற்றிகரமாக அவற்றை இயக்கி பல அறிவியல் பயன்களைத் தந்துள்ளது என்பதும், பல வெளிநாட்டுக் கருவிகளை ஏற்று நிலவுக்குச் சுமந்து சென்றதால் களிப்புக்கும், ஒற்றுமைக்கும் வழிவகுத்துள்ளது என்பதும், இதே வகையைச் சேர்ந்த அயல்நாட்டுச் செயற்கைக் கோள்களுடன் ஒப்பிடுகையில் பாதிக்கும் குறைவான தயாரிப்புச் செலவில் மொத்த திட்டமும் அடங்கியுள்ளது என்பதும் ஆகிய பெருமைகள் சந்திரயான்-1 செயற்கைக் கோள் மூலமாக நமது நாட்டிற்குக் கிடைத்த மிகப் பெரிய வெற்றிகள் என்றால் அது மிகையாகாது.

"வானியல் தேர்ச்சி கொள்" என்ற பாரதியின் புதிய ஆத்திச்சூடியின்படி இந்திய விண்வெளிக் கழகத்தின் பற்பல முயற்சிகளில் சந்திரயானும் ஒன்று. "சந்திர மண்டலத்தியல் கண்டு தெளிவோம்", என்ற பாரதியின் மற்றொரு வைர வரியின் நிதர்சனம்தான் சந்திரயானின் நிலவுப் பயணம்.

11

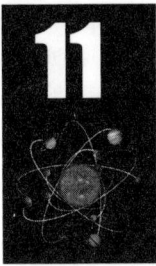

திடக்கழிவுகள் மேலாண்மை

இ.கே.தி. சிவகுமார்

இன்றைய உலக வாழ்க்கையில் மனிதனை மிகவும் வேகமாக இயக்குவது 'நேரம்' என்னும் கருவிதான். இதனால் மனிதன் எல்லாவற்றிலும் வேகம், அவசரம் காட்டுகிறான். அதற்காக அவன் அன்றாடத் தேவைகளுக்குப் பயன்படுத்தும் பொருள்களும் மறுபயன்பாட்டிற்கு வைத்துக் கொள்ள முடியாதபடி அவனுடைய செயல்பாடுகள் உள்ளன. இதனால் பயன்படுத்தப்படாத பொருள்கள் மலைபோல் குவிகின்றன. இந்தக் கழிவுகளே திடக் கழிவுகள் எனப்படுபவை. இன்றைய நிலையில்

திடக் கழிவுகளின் மேலாண்மை குறித்த விழிப்புணர்வை ஆராய்ந்தறிவது அவசியமாகும்.

திடக் கழிவுகள் (Solid Wastes)

தண்ணீரின் மூலம் எளிதில் எடுத்துச் செல்ல முடியாத மற்றும் வளி மண்டலத்தில் விட முடியாத, மறுபடியும் பயன்படுத்த முடியாத, எதற்கும் பயன்படாத கழிவுகளைத் திடக் கழிவுகள் (Solid Wastes) எனலாம். தொழிலகங்களின் நடவடிக்கைகளாலும், விவசாய உற்பத்தியாலும் மற்றும் நகரங்களில் பயன்படாத திடப் பொருள்கள் இவற்றிலடங்கும்.

திடக் கழிவுகள் ஏற்படும் விதங்கள்

நாகரிகமும், அறிவியல் வளர்ச்சியும் வளர்ந்து வருவதால், அதையொட்டி, மக்களின் பழக்க வழக்கங்களும், வாழ்க்கை முறையும் மாறி வருகின்றது. ஒரு காலத்தில் ஓலைக்குடிசையில் வாழத் தொடங்கிய மனித இனம், வானத்தை முட்டும் அடுக்கு மாடிகளில் வாழக் காண்கிறோம். முன்னேற்றத்திற்கு நாம் நன்றி சொல்வோம்.

நாம் பொருள்களை நுகர்ந்த பிறகு அவற்றைத் தெருவில் வீசிவிடுகிறோம்.

இந்தக் கழிவுகள் யாவும், குவியலாக மாறி விடுகின்றன. இவை தவிர, பழுதடைந்த பொருள்களும் சாலைகளில் சேர்ந்து, திடக்கழிவுகளை அதிக அளவில் உண்டாக்குகின்றன.

திடக் கழிவுகளை அழிப்பது, அவற்றை மறுபடி பயன்படுத்துவது, தேடி எடுத்துப் பின்பு பிரித்தெடுத்துப் பதப்படுத்தி,

முறையாகக் கையாள்வதைத் திடக் கழிவுகளின் மேலாண்மை (Solid Wastes Management) எனலாம்.

வளரும் நாடுகள், தற்போது, பொருளாதார முன்னேற்றம் அடைந்து வருவதால், தனியாள் வருமானமும் (Per-Capita Income) அதிகரித்து வருகின்றன.

பல வசதிகளைத் தேடிக் கொள்ளும் சூழ்நிலை ஏற்பட்டுள்ளது. அந்த அடிப்படையில் அடுக்கு மாடிக் கட்டடங்கள் கட்டுவதற்குப் பயன்படுத்தப்படும் மணல், செங்கல், சிமெண்ட், ஜல்லிகள் அதிக அளவில் திண்மக் கழிவுகளைத் தோற்றுவிக்கின்றன.

மருத்துவமனைகளிலிருந்து வெளியேற்றப்படும் கழிவுகள்

உடல்நலம் பேணும் மருத்துவமனைகளும், ஆங்காங்கே தோன்றியுள்ளன. அரசு மருத்துவமனைகளும், தனியார் மருத்துவமனைகளும் அதிக அளவில் தாங்கள் பயன்படுத்திய பொருள்களை ஒதுக்குகின்றன. இந்தக் கழிவுகள் சுற்றுச்சூழலில் மாசுகளைப் பரப்பி, உடல்நலக் கேட்டையும் விளைவிக்கின்றன.

தொழிற்சாலைகளிலிருந்து வெளியேற்றப்படும் கழிவுகள்: நகரங்களிலும், நகர்ப்புறங்களிலும் தோன்றியுள்ள தொழிலகங்கள், அதிக அளவில் கழிவுகளை வெளியேற்றி, அருகிலுள்ள குளம், குட்டைகள், ஆறுகள் ஆகியவற்றில் விடுகின்றன. இந்தக் கழிவுகள் பின்பு திடப்பொருள்களாக மாறி, இடத்தை அடைத்துக்கொண்டு, மேடுகளை உருவாக்குகின்றன. திடீரெனப் பெய்யும் மழை நீர், அருகில் உள்ள சாலைக்கு விரைந்து வந்து, போக்குவரத்தைப் பாதிக்கின்றது.

விவசாயக் கழிவுகள் மற்றும் இறந்த விலங்குகளினால் ஏற்படும் கழிவுகள்: விவசாயிகள், அதிக விளைச்சலுக்காகப் பயன்படுத்தும் இரசாயன மற்றும் விலங்கின உரங்கள், பயிர்க கூளங்கள் ஆகியவற்றைத் திட்டுத் திட்டாக வைத்திருப்பார்கள். உரங்களுக்குப் பயன்படுத்திய பிறகு, அவற்றை அப்படியே விட்டுவிடுவதால், அவைகள் தங்கித் திண்மக் கழிவுகளை உருவாக்குகின்றன. இவை தவிர இறந்துபோன தாவரங்கள், விலங்குகள் அனைத்தும் திண்மக் கழிவுகளாக மாறிவிடுகின்றன.

சுரங்கத் தொழில்கள் ஏற்படுத்தும் கழிவுகள்: பூமிக்கடியில் சுரங்கங்கள் வெட்டப்படும்போது ஏற்படும் கழிவுகள், ஆங்காங்கே திண்மக் கழிவுகளாக மாறிவிடுகின்றன.

திடக்கழிவுகள் ஏற்படுத்தும் விளைவுகள்

தற்போது, தொழில் வளர்ச்சி நாடு தழுவிய அளவில் நடந்து வருகிறது. இதைத் தவிர, மக்கள்தொகையும் அவர்களின் தேவைகளும் அதிகரித்துள்ளன. கடந்த சில ஆண்டுகளாகப் பிளாஸ்டிக், சிராமிக் ஓடுகள், உலோகங்கள், இரப்பர், தோல், காகிதம் ஆகியவற்றின் உற்பத்தியும் அதிகரித்து வந்துள்ளன.

வளரும் நாடுகளில் திடக் கழிவுகள் குறைவு என்கிறது ஒரு செய்தி. குப்பைக் கூளங்கள் நாட்டில் அதிகரிக்கும்போது, அதையொட்டிப் பலவித சுகாதாரக் கேடுகளை விளைவிக்கும் ஈக்கள், கொசுக்கள் பெருத்து விடுகின்றன.

கட்டுமானக் கழிவுப் பொருள்களும், பலவித இரசாயன வாயுக்களும் உருவாகிச் சுற்றுச்சூழலைப் பாதித்து, உயிரினங்களையும் அழித்துவிடுகின்றன. இக்கழிவுகள் கரிம அமிலங்கள், கார்பன்டை ஆக்ஸைடு, இரும்பு மற்றும் மாங்கனீசு சல்பேட்டுகள், மீத்தேன் ஆகியவை உருவாகிக் காற்றினில் கலக்கின்றன.

இவை தவிர, மருத்துவக் கழிவுகளாகிய, இரத்தம் மற்றும் நீர்மங்கள் தோய்ந்த பஞ்சுகள், பிளாஸ்திரிகள், அறுவை சிகிச்சையில் பயன்படுத்தப்பட்ட பொருள்கள் யாவும் திண்மக் கழிவுகளாக மாறி, பாக்டீரியா மற்றும் வைரஸ் நுண்ணுயிர் களைப் பெருக்கிவிடுகின்றன.

சாலையோரங்களில் உள்ள குப்பைக் கூளங்களைச் சுற்றி, எப்போதும் நாய்கள், பூனைகள், பன்றிகள் மேய்ந்து கொண்டிருக்கின்றன. அங்குள்ள கழிவுப் பொருள்களைச் சுற்றி ஈக்கள், கொசுக்கள் மொய்ப்பதை நாம் காணலாம். இவற்றால் காசநோய், காலரா, தொழுநோய் மற்றும் பல நோய்களும் பரவுகின்றன.

மேலும், தொழிலகங்கள் வெளியேற்றும் கழிவுகளில் நச்சுத்தன்மை வாய்ந்த வேதிப் பொருள்களான குரோமியம், பென்சீன் ஆகியவை உள்ளன. ஆகவே, இந்தக் குப்பைக் கூளங்கள் அதிகரித்து வருவதால், அவற்றை ஓரிடத்தில் அப்படியே தங்கவிடாமல் நடவடிக்கை எடுத்தல் அவசியமாகிறது.

திடக் கழிவுகளின் மேலாண்மை முறைகளைக் கீழ்க்கண்ட வாறு காணலாம்:

1. பள்ளங்களிலிருந்து திடக் கழிவுகளை அகற்ற வேண்டும். அந்த இடங்களிலிருந்து அவற்றை அகற்றி, நகரத்தின் வெளியில் குவித்துப் பின்பு சிதைக்கப்பட வேண்டும்.

2. திடக் கழிவுகளைத் தொழு உரங்களாக மாற்றுதல், பெரும்பாலும், குப்பைக் கூளங்களில் உலோகங்கள், கண்ணாடித் துகள்கள், பிளாஸ்டிக் மற்றும் ரப்பர் பொருள்களும் கலந்திருக்கும். இவற்றைக் குப்பைக் கூளங்களிலிருந்து பிரித்தெடுத்துப் பின்பு மீதமுள்ள குப்பைகளை ஒன்று சேர்த்து ஓரிடத்தில் குவிக்கவேண்டும். பின்பு, சில நாட்களுக்குப் பிறகு, இவை சிதைவடைந்து, தொழு உரங்கள் உருவாகும். இந்த உரங்கள் மண் வளத்தைப் பெருக்கும் சக்தி வாய்ந்தவை என்று அறியப்பட்டுள்ளது.

3. திடக் கழிவுகளால் உருவாகும் எரிபொருள்களை நாம் பயன்படுத்தலாம். திண்மக் கழிவுகளை எரிக்கும்போது,

உயிரியல் எரிவாயு வெளியேறுகிறது. நகரங்களில் உள்ள குப்பைகள் சேகரிக்கப்பட்டு உலைகளில் வைத்து எரித்துச் சாம்பலாக்கப்படுவதால், நகரத்தில் துர்நாற்றம் விலகி, நோய்கள் பரவாமல் தடுக்கப்படுகிறது.

4. திடக் கழிவுகளை மறுபடியும் பயன்படுத்தல் (Recycling the Solid Wastes) 'சிறு துரும்பும் பல் குத்த உதவும்' என்பதுபோல், குப்பைக் கூளங்களும் நமக்கு மறு பயன்பாட்டிற்கு உதவுகின்றன. குப்பைக் கூளங்களில் உள்ள உலோகங்கள், கண்ணாடித் துகள்கள், காகிதம், துணிகள், பிளாஸ்டிக் பேப்பர் போன்ற பொருள்களை நீக்கிவிட்டு, மீதமுள்ள பொருள்களை மறுசுழற்சி முறையில் நாம் பயன்படுத்தலாம். உதாரணமாக, பழைய மோட்டார் வாகனங்களில் உள்ள உதிரிப் பாகங்களிலிருந்து நாம் பல பொருள்களைப் பெறலாம். இருப்பினும், மறுசுழற்சியில் கழிவுகளைப் பயன்படுத்தும்போது, அதிலிருந்து வெளியேறும் மாசுகள் சுற்றுச்சூழலைப் பாதிக்கின்றன. பெரும்பாலும் திடக் கழிவுகள் உருவாகாமல் இருப்பதற் குரிய நடவடிக்கைகளை நாம் மேற்கொள்ள வேண்டும்.

12

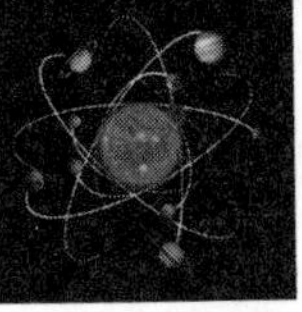

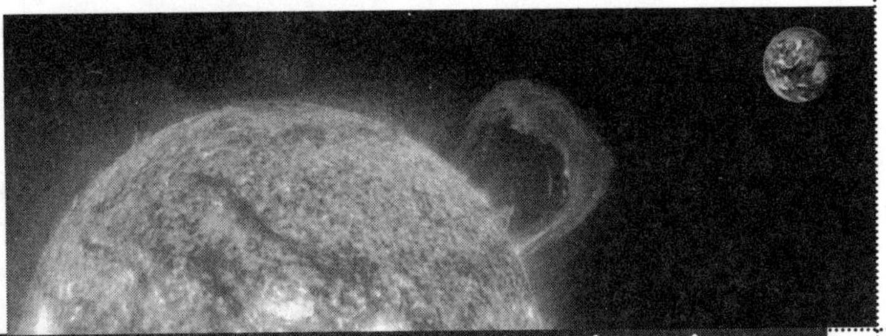

உலகம் வெப்பமயமாதலைத் தடுப்போம் பூமியைக் குளிர்விப்போம்

இ.கே.தி. சிவகுமார்

இன்றைய அறிவியல் வளர்ச்சி மேலோங்கிய நிலையில், சுற்றுச்சூழல் தூய்மையாக இருப்பின் பூமி குளிர்ச்சி பெறும் என்பதில் ஐயமில்லை. இதனால் இயற்கை வளம் மேம்பட்டு மனித நலம் காக்கப்படும். இயற்கை, தனது வனப்பைச் செயற்கைச் செயல்களால் இழக்கும்போது பூமி வெப்பமடைகிறது.

இயற்கை இயற்கையாகவே இருந்த போது......

“ நீர் நன்றாய் வந்தது.
நிலம் நலமாய் இருந்தது.
காற்று சீராய் கிடைத்தது.

வெப்பம் அளவோடு காய்ந்தது.
ஆகாயம் ஆதரவாய் விரிந்தது."

என்றைக்கு இயற்கையில் செயற்கை கலந்ததோ அன்றே செயற்கையின் சேட்டைகளால் இயற்கை சீரழிக்கப்பட்டது. "அளவென்ற அச்சாணி (இயற்கை) அகிலத்தில் முறிந்து விட்டால் வளமான வாழ்க்கைக்கு வழிகாண முடியாது."

இயற்கை அன்னையைக் குளிர்விக்க, இன்றைய சூழ்நிலையில் நடைபெறும் பல்வேறு இயற்கை மாற்றங்களுக்கு அவசரத் தடுப்பு நடவடிக்கைகள் மற்றும் பாதுகாப்பு முறைகளைக் கையாள்வது மிகவும் இன்றியமையாதது.

இயற்கை வளங்கள் (Natural Resources)

இயற்கை அழகின் வடிவம், இயற்கை இன்பத்தின் ஊற்று, இயற்கை தரும் சுகம் அலாதியானது. இயற்கை அன்னை எண்ணற்ற பல வளங்களைத் தன்னுள்ளே பெற்றிருக்கிறாள். இவற்றில் முக்கியமாகக் காடுகள், நீர்நிலைகள், கனிமங்கள், மலைகள், உணவு மற்றும் சக்தியளிக்கும் வளங்கள் அடங்கும். இவற்றை இயற்கை வளங்கள் என்கிறோம்.

இயற்கை வளங்கள் எண்ணற்ற வளங்களின் இருப்பிடம். குறிப்பாக,

1. வன வளங்கள் (Forest Resources)
2. நீர் வளங்கள் (Water Resources)
3. கனிம வளங்கள் (Mineral Resources)
4. உணவு வளங்கள் (Food Resources)
5. சக்தி வளங்கள் (Energy Resources)
6. நில வளங்கள் (Land Resources)

எனப் பிரிக்கலாம்.

இயற்கை அன்னை

இயற்கை அன்னை தரும் "சுற்றுப்புறம்" மானுட வாழ்வைச் சுகானுபவம் ஆக்கும் வசந்த மேடை. ஆனால், இன்றைய நாகரீக மோகத்தில் அழகிழந்து, எழில் அழிந்து, வளம் குறைந்து, வாட்டம் நிறைந்து சிதைந்து கொண்டிருக்கும் சோகம் நிலவுகிறது.

மலர்களைப் பார்த்து மகிழ்ந்து, மரங்களால் புத்துணர்வு பெற்று, மழைத் திவலைகளில் சிலிர்த்து, மண் வாசனையில் திளைத்து, காற்றின் வருடலில் கலகலத்து, கலையும் மேகங்கள் கண்டு குதூகலித்து, ஆகாயத்தைச் சுவைத்து, ஆற்று நீரைப் பருகி, சுற்றுப்புறத்தால் சுகப்பட வேண்டிய மனித இனம், இன்று பூமித் தாயை வெப்பத்தால் சூடேற்றிப் பல இன்னல்களுக்கு ஆளாகி வருவதைக் காலம் மெய்ப்பித்து வருகின்றது.

உலகில் இன்று அச்சுறுத்தும் சுற்றுச்சூழல் பிரச்சினைகள் பல எழுந்தவண்ணம் உள்ளன. இதற்கான காரணங்களை ஆய்ந்தறிவது நலம் பயக்கும்.

பூமியைச் சூடாக்கும் காரணிகள்

- ஓசோன் திரைத் துளைகள்
- பசுமையக வாயுக்கள் தரும் உலக வெப்ப உயர்வு
- பசுமைக் காடுகளின் அழிவு
- நில அரிப்பு
- பாலை நிலத்தின் படர் நிலை
- வறட்சி நிலை
- வெள்ளப் பாதிப்பு
- காற்று, நீர், நிலம் ஆகியவற்றின் மாசுநிலை
- தொழிற்சாலை மாசு
- பூச்சிக் கொல்லிகளும், வேதி உரங்களும் கொணரும் மாசு
- கதிரியக்க விளைவு
- அமில மழை
- திடக்கழிவுப் பொருள்களின் சேமிப்பு
- இயற்கை வளங்களின் சிதைவு
- நிலத்தடி நீர் பாதிப்பு
- கடல் வளங்கள் சீரழிவு

வானிலை மாற்றங்கள்

பூமியின் மீது வெப்பத் தாக்குதல் காரணமாக வானிலை மாற்றங்கள் ஏற்பட்டு அது பல்வேறு ஆபத்துகளை உருவாகிவிடும் அபாய நிலை உள்ளது. புவி வெப்பத்தினால் கடல் வெப்பம் உயர்ந்து பனிப்பாறைகள் உருகி, புவி அமைப்பியலில் பெரும் மாற்றங்கள் நிகழ்ந்து விபரீத விளைவுகள் உருவாகும் நிலை உள்ளது.

சீரற்ற சூழல்கேடு நீடித்தால் விளைநிலங்கள் களர் நிலங்களாகி, பசுமைப் பகுதிகள் பாலைவனங்களாகி, கடல்கள் கலங்கி, ஆறுகள் அற்று, உயிரினங்கள் உருக்குலைந்து, வாழ்க்கைச் செழுமையைப் பூமி இழந்து விடும் நிலை உருவாகிவிடும்.

உலக அளவில் தொழிற் சாலைகள் பெருக்கம், ஆலைகள் உருவாக்கம், கட்டுமானப் பணிகள், விண்வெளி ஆய்வுகள், போக்குவரத்து அதிகரிப்பு, மக்கள் தொகைப் பெருக்கம், சுற்றுச்சூழல் சீர்கேடு ஆகியவை நாளுக்கு நாள் அதிகரித்து வருவதால் வானிலை மாற்றங்கள் ஏற்படுகின்றன. இதனால் பூமியின் வெப்பம் அதிகரித்து ஆபத்தின் விளிம்பை நோக்கிச் சென்று கொண்டிருப்பதை அனைவரும் உணர வேண்டும்.

அறிவியல் ஆராய்ச்சிகளின் ஆய்வு அறிக்கையின்படி அதிக அளவு கரியமில வாயு (கார்பன்டை ஆக்ஸைடு) உமிழ்வால் புவி வெப்பம் அதிகரிக்கின்றது. இதன் காரணமாகவே வேதியியல் நிகழ்வுகள் நடைபெற்றுக் கடல்நீரின் அமிலத் தன்மை அதிகரிக்கின்றது. இதனால் கடல்வாழ் உயிரினங்கள் பாதிக்கப்படுகின்றன. கடல் வளங்கள் சீரழிகின்ற நிலை உள்ளது.

தொழில் வளர்ச்சி மற்றும் வாகன உமிழ்வுகளால் கரியமில வாயுவின் உமிழ்வு ஐரோப்பா, அமெரிக்க நாடுகளில் அதிக

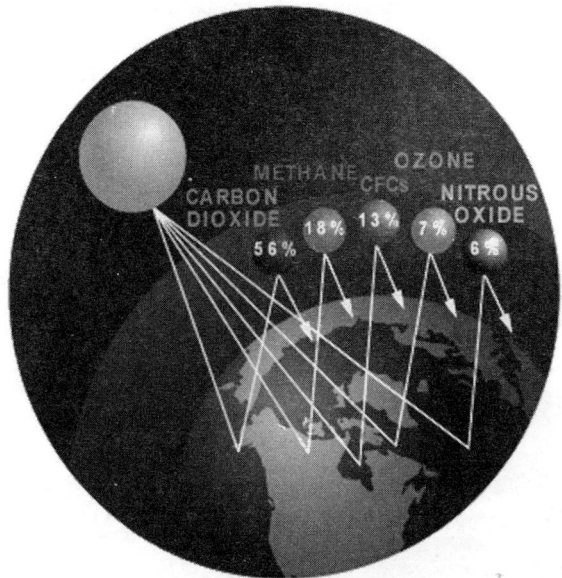

அளவில் உள்ளதாக இன்றைய ஆய்வுகள் தெரிவிக்கின்றன. ஆசியாக் கண்டத்தில் சீனா, இந்திய நாடுகளிலும் கரியமில வாயுவின் உமிழ்வுகள் காரணமாகப் பாதிப்பைத் தருவது கவலைக்குரிய செய்தியாகும். குறிப்பாகப் புவி வெப்பத்தைக் குறித்த அதிர்ச்சித் தகவல்களை, ஆய்வறிக்கைகளைக் கவனத்தில் கொண்டு தீவிரத் தடுப்பு நடவடிக்கையை எடுக்க வேண்டும்.

உலக அளவில் அவசரமாக ஆராய்ந்து "உலகம் முழுவதும் சுற்றுச்சூழல் சீர்கேடுகள்" ஏற்படக் காரணங்களை அறிந்து அதற்கான தீர்வு காணப்பட்டால் மட்டுமே பூமியின் வெப்பம் தணிக்கப்பட்டுக் குளிர்ச்சி பெறும் நிலை உருவாகும்.

நாம் புவி வெப்பத்தைத் தடுப்பதனால் எதிர்கால வழித் தோன்றல்களுக்கும், மக்களினத்திற்கும் நாம் ஆற்றுகின்ற அரும்பெரும் பணியாக அமையும் என்றால் அது மிகையாகாது. இதை ஒவ்வொருவரும் உணர வேண்டும்.

ஒவ்வொரு தனி மனிதனும் சிந்தித்துச் சமூக விழிப்புணர்வு பெற்றால் சமுதாயம் விழிப்புப் பெறும் என்பதில் ஐயமில்லை. சீரிய சுற்றுச்சூழலைக் காப்பது ஒவ்வொரு தனி மனிதனுடைய

கடமையாகும். கடமையைச் செயலாக்கிவிட்டால், இயற்கை அன்னை தனிச் செழிப்பும், அழகும் பெற்று இனிமை தருவாள் என்றால் மிகையல்ல.

இயற்கையைப் பாதிக்காத செயல்பாடுகளால் பூமி குளிர்ச்சி பெறும். பூமி குளிர்ச்சி பெற மரங்களை வளர்த்து இயற்கை அன்னையைக் காக்கும் கடமையை நாம் அனைவரும் உணர்ந்து செயல்படவேண்டும்.

அறியாமை இருளகற்றி, அறிவெனும் ஒளியேற்றி, ஆபத்தை வெளியேற்றி, குளிர்ச்சியான பூமியைக் காப்போம், வளம் பெறுவோம்.

2012 உலகம் அழியுமா?

இன்று பொதுவாக, மக்களிடம் 12-12-2012ல் உலகம் அழியுமா என்ற கேள்வி நிலவி வருகிறது. இதற்கு விண்வெளி ஆய்வாளர்களின் கருத்தின்படி "2012 அல்லது 2013" சூரியச் சூறாவளி ஏற்படும் அபாயம் உள்ளதாகத் தெரிவிக்கின்றார்கள்.

சூரியச் சூறாவளி என்பது சூரியச் சுழற்சியின் காரணமாக ஏற்படக்கூடியது. கடந்த நூறாண்டுகளில் பலமுறை சூரிய சூறாவளி பூமியை தாக்கியுள்ளது. இதனால் பூமியில் பெரும் சேதம் ஏற்படவில்லை.

ஆனால் இந்த காலக்கட்டத்தில் கனடா போன்ற நாடுகளில் இதனால் பூமியில் மின்சார வினியோக அமைப்புகளுக்கும், தகவல் தொழில் நுட்ப அமைப்புகளுக்கும் பெரும் சேதத்தை உருவாக்கும் நிலை உள்ளது. இருந்தாலும் இதன் காரணமாக மனித சமுதாயம் பெரும் அபாயத்திற்கு உட்படப் போவதில்லை.

13

பசுமை நகரம்

ஜப்பானியர்கள் பீனிக்ஸ் பறவையைப் போன்றவர்கள். சமீபத்தில் ஏற்ப பூகம்பத்தில் பாதிக்கப்பட்ட போதிலும், அதில் இருந்து போராடி மீண்டு வருகிறார்கள். இந்த பூகம்பத்தில் ஏற்பட்ட பாதிப்புகளில் பல்வேறு பாடங்களைக் கற்றுக்கொண்ட அவர்கள், அதைப் பயன்படுத்தி அதி நவீன பசுமை நகரங்களை உருவாக்கும் முயற்சியில் ஈடுபட்டுள்ளனர். இந்த முயற்சியில் அந்த நாட்டில் உள்ள பல்வேறு கட்டுமான நிறுவனங்களும், எலக்ட்ரானிக்ஸ் பொருட்கள் தயாரிக்கும் நிறுவனங்களும் கைகோர்த்துள்ளன.

ஜப்பானில் உள்ள பானாசோனிக் உள்பட 8 நிறுவனங்கள் இணைந்து புதிய பசுமை நகரம் ஒன்றை அமைப்பதற்கான திட்டம் ஒன்றை வெளியிட்டுள்ளன. சுமார் 19 ஹெக்டேர் பரப்பளவில் இந்த நகரம் அமைய உள்ளது. இயற்கையாகக் கிடைக்கும் எரிபொருளைப் பயன்படுத்தியே இந்த நகரம் இயங்கும்.

உதாரணமாக சூரிய ஒளி, காற்றுச் சக்தி போன்றவற்றில் இருந்து தாயாரிக்கப்பட்ட மின்சாரமே இங்கு பயன்படுத்தப்படும். இந்த நகருக்குள் இயங்கும் வாகனங்கள் அனைத்தும் மின்சாரத்தில் மட்டுமே ஓடும். வீடுகளுக்கு தேவையான மின்சாரம் மற்றும் பிற எரிபொருட்களும் சூரிய சக்தியில் இருந்தே தயாரிக்கப்படும். இதற்கு ஏற்ப வீடுகள் அனைத்திலும் சூரிய ஒளியில் இருந்து மின்சாரம் தயாரிக்கும் தகடுகள் பொருத்தப்பட்டு இருக்கும். இது தவிர இந்த நகரைச்சுற்றிலும் ஏராளமான மரம், செடிகள் வளர்க்கப்படும். மொத்தத்தில் இந்த நகரத்தில் இருந்து வெளியேறும் கார்பன் டை ஆக்சைடின் அளவு மிகமிகக் குறைவாகவே இருக்கும். இதன் மூலம் இயற்கை மற்றும் சுற்றுச்சூழல் பாதுகாக்கப்படும்.

சுமார் ஆயிரம் குடும்பங்கள் வசிக்கும் வகையில் உருவாகும் இந்த புதிய நகரம் வருகிற 2014-ம் ஆண்டு முதல் தயாராகி விடும் என்று எதிர்பார்க்கப்படுகின்றது. அதி நவீன வசதிகள் கொண்டதாக இருக்கும் வகையில் உருவாகும் இத்தகைய புதிய நகரங்கள் மக்களை வெகுவாகக் கவரும் என்பது கட்டுமான நிறுவனங்களின் எதிர்பார்ப்பாகும்.

நாமும் பசுமை நகரங்களை உருவாக்குவோமா?

14

கடலில் விவசாயம் !

இன்று உலகைக் கவலைக்குள்ளாக்கிக் கொண்டிருக்கும் அதிர்ச்சியான செய்திகளில் ஒன்று, புரதப் பற்றாக் குறை. மனிதனின் இயல்பான வளர்ச்சிக்கு புரதச் சத்து மிகவும் அவசியம். வளர்ந்து வரும் நாடு களில் சமூகத்தின் கீழ்மட்ட நிலையில் உள்ளவர்களிடம் புரதப் பற்றாக்குறை அதிகம் காணப்படுகிறது.

இந்தப் புரதப் பற்றாக்குறையின் காரணமாக மனிதனின் உடல் நலம் பாதிக்கப்பட்டு அது நாட்டின் பொருளாதார வளர்ச்சியையே

பாதிக்கிறது. உணவில் புரதச் சத்துக் குறையும்போது ஒருவரின் உடல் வளர்ச்சியும், மூளை வளர்ச்சியும் பாதிக்கப்படுகின்றது. இதனால் அவரிடம் சோம்பேறித்தனம் அதிகமாகிறது. உழைப்பு குறைகிறது. எனவே, நாட்டின் வருமானமே பாதிக்கப்படுகின்றது.

இந்த முக்கியப் பிரச்சினைக்குக் தீர்வு காண இன்னொரு வழி இருக்கிறது. அதுதான், கடல்களில் பயிரிடுதல். பாசி இனத்தைச் சேர்ந்த தாவரங்கள் கடலில் நிறைய வளருகின்றன. இவை அதிவேகமாக வளரக்கூடியவை. எனவே, கடலில் பாசியைப் பயிரிடுவதன் மூலம் புரத உணவுப் பற்றாக்குறைக்கு ஒரு முடிவு கட்டிவிடலாம் என்று அறிவியல் அறிஞர்கள் கூறுகின்றனர்.

இந்த முயற்சியில் முதன்முதலில் ஈடுபட்ட நாடு ஜப்பான் தான். அந்நாடு, தற்போது 60 ஆயிரம் எக்டேருக்கும் அதிகமான கடற்பரப்பில் பாசியினைப் பயிர் செய்து வருகிறது.

ஜப்பானியர்கள் பயிர் செய்யும் 'போர்பைரா' என்னும் பாசி, புரதச் சத்து நிறைந்தது. அந்த வகையில் இது அசைவ உணவுக்கு ஒப்பானது. இன்று இது ஜப்பானியர்களின் தினசரி உணவு வகைகளில் ஒன்றாகிவிட்டது. ஆகவே, இது போன்ற மாற்று சிந்தனை மற்றும் செயல்பாடுகள் மூலம் நமது நாட்டில் விவசாய உற்பத்தி புரட்சி உருவாக்குவது நமது கடமை யல்லவா!

15

நீர் வளம் காப்போம்

இ.கே.தி. சிவகுமார்

சுகாதாரக் காப்பில் நீர் உலக உயிரினங்கள் உயிர் வாழ 'நீர்' மிகவும் இன்றியமையாதது. இது சுற்றுச் சூழல் பாதுகாப்பில் முக்கியப் பங்கு வகிக்கிறது. நீரின் மேன்மையை உணர்த்துகிற வகையில் வான்புகழ், வள்ளுவப் பெருந்தகை,

"நீர்இன்றி அமையாது உலகு எனின்
யார்யார்க்கும்
வான் இன்றி அமையாது ஒழுக்கு"

என்கின்றார். அதாவது, நீரில்லாமல் உலக வாழ்க்கையில்லை. மழையில்லாமல் நீர் உண்டாகாது என்று குறிப்பிடுகிறார்.

பல சுகாதாரப் பாதிப்புகளுக்கு அடிப்படையாகத் 'தூய்மை யற்ற நீர்' அமைந்து விடுவதால் நீர்வளப் பாதுகாப்பின் அவசியத்தை உணர்ந்து செயல்பட வேண்டும்.

மனிதவளம் மேம்பாடு அடையவும், நலம் காக்கப்படவும், தூய்மையான நீர் கிடைக்க வழிவகை செய்வது இன்றையச் சூழ்நிலையில் மிகவும் அவசியமாகும். இயற்கையில் நீர் தூய்மையுடையதாகத்தான் இருக்கிறது. சூழ்நிலையால் அதன் தன்மை மாறுபடுகிறது. குறிப்பாக மழை நீராக மண்ணில் விழுந்து, உலக உயிரினங்கள் வாழ வழிவகை செய்கின்றது. ஆனால், சூழ்நிலையால் பல்வேறு உருமாற்றங்களைப் பெறுகிறது.

மணமற்ற மழை நீர்
மலரின் இதழ்களிலே மணம் பெறுகின்றது.

சுவையற்ற நீர்
கடலில் கலந்து உப்பு நீராய் உவர்க்கின்றது.

நிறமற்றநீர்
செம்மண் காட்டில் சிவக்கிறது.

புல் நுனியில் தேங்கிய மழைநீர்
மாணிக்கமாய் ஒளிவீசுகிறது.

ஆனால்,
நெடியற்ற மழைநீர்
சாக்கடையில் சேர்ந்து
நாற்றமடிக்கிறது.

இந்தச் சூழலில் மட்டுமே உடல்நலப் பாதிப்புகள் உருவாகின்றன.

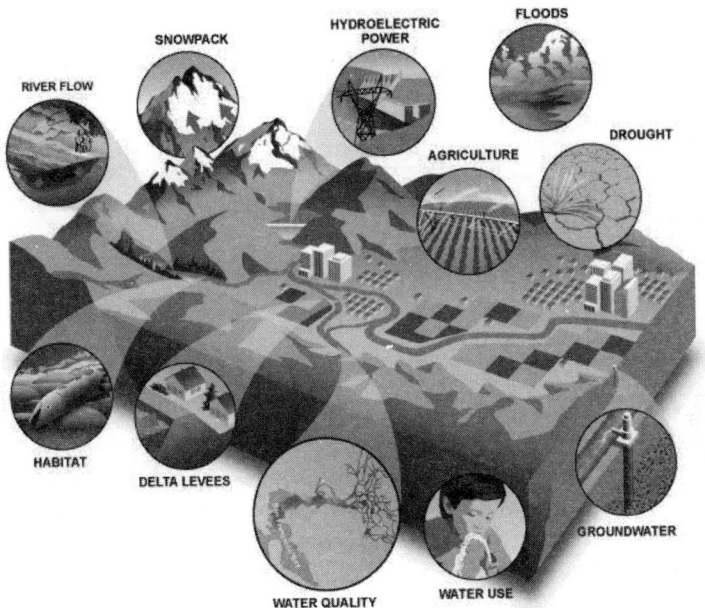

"தேங்கி நிற்கும் நீரில் கொசுக்கள் உற்பத்தியாகின்றன சோம்பி நிற்கும் மனிதனிடம் துன்பங்கள் உற்பத்தியாகின்றன்" என்ற புதுமொழியைக் கருத்தில் கொள்ளலாம்.

குடிப்பதற்கும், விவசாயத்திற்கும், தொழிற்சாலைகளின் உற்பத்திக்கும் பல்வேறு தேவைகளுக்கும் நீர் உதவுகிறது. நிலைமாறும் உலகில், நீர் மாசடைவதற்கான காரணங் களையும், அதைப் பாதுகாப்பதைக் குறித்து அறிவதும் மிகவும் இன்றிய மையாததாகும்.

பூமியில் உள்ள நீர் வளங்களை நான்கு முக்கிய வளங்களாகப் பிரிக்கலாம்

1. மேற்பரப்பு நீர் (Surface Water)
2. நிலத்தடி நீர் (Ground Water)
3. அணைகள் (Dams)
4. வெள்ள நீர் (Flood)

உலகில் மதிப்பிடப்பட்டுள்ள நீரின் அளவு நீர் மாசடைதலுக்குக் காரணங்களும், தவிர்க்கும் வழிகளும் :

நீரில், அமில வாயுக்கள் மற்றும் பொருள்கள் கலந்து, நீரைத் தற்காலிகமாகவோ அல்லது நிலையாகவோ, பயன் படுத்த முடியாமல், நீரின் தரத்தை மாற்றக்கூடிய அளவில் நச்சுகள் கலந்திருந்தால், அதனை நீர் மாசுறுதல் எனலாம்.

பொதுவாக, நீர் கீழ்க்கண்ட காரணங்களால் மாசுறுகிறது :

1. தொழிலகங்கள் மற்றும் வீடுகள் வெளியேற்றும் கழிவுகளால், நீர் மாசடைகிறது. தொழில் வளர்ச்சி ஏற்படும் போது, பல தொழில்கள் தோன்றுகின்றன. அவையாவும், தங்களுடைய வணிக நலத்தை மட்டும் மனத்தில் கொண்டு, மனித நலத்தை மறந்து விடு கின்றன. தற்போது இந்தக் கழிவுகளைத் தாங்கிச் செல்லும் பாதைகளாக மாறிவிட்டன.

2. கடல்களில், எண்ணெய்க் கப்பல்கள் விபத்துக்குள்ளாகும் போது, அப்பகுதிக் கடல் நீர் மிகவும் மாசுபட்டு, அங்குள்ள உயிரினங்கள் மடிந்து விடுகின்றன.

3. தொழிற்சாலைகளில் மிகவும் முக்கியமாகத் தோல் பதனிடும் தொழிற்சாலைகள், சாயத் தொழில்கள், இரசாயன உரங்கள், சிமெண்ட், சர்க்கரை, காகிதம் செய்யும் தொழிற்சாலைகளின் கழிவுகள், மக்களுக்குப் பயன்படும் நீரை மிகவும் மாசுபடுத்துகின்றன.

4. தண்ணீரின் பௌதிகப் பண்புகளான, நிறம், தன்மை, சுவை ஆகியவை மாற்றப்பட்டு நீர் மாசடைகிறது.

5. தொழிற்சாலைக் கழிவுகளில் உள்ள சல்பைடு, நைட்ரேட், சல்பேட், பாஸ்பேட் போன்ற கனிமச் சேர்மங்கள் மூலம் நீர் மாசடைகிறது. இந்தச் சேர்மங்கள் சிதைந்து அதிகமான கெடுநாற்றத்தைக் காற்றிலே கலந்து விடுகின்றன.

6. இதைத் தவிர, கரிமச் சேர்மங்களாகிய பூச்சிக் கொல்லிகள், பூஞ்சைகள் ஆகியவை நீரில் கலந்து ஆக்ஸிஜனைச் செயலிழக்கச் செய்கின்றன.

7. சில தாவரங்களில் டாக்சின், பாக்டீரியா போன்றவை நீரில் படர்ந்து அதனை மாசடையச் செய்கின்றன.

8. நதிகளின் ஓரங்களில், தொழிலகங்களில் மற்றும் வீடுகளின் கழிவுநீர், சேர்ந்து விடுகிறது. அந்த இடங்களில் குப்பைக் கூளங்களும் கலந்து விடுகின்றன. இவையாவும் ஆற்றுநீரை மாசுபடுத்தி விடுகின்றன.

தடுப்பு நடவடிக்கைகள்

1. நீர்நிலைகளைப் பாதுகாக்க வேண்டும். தண்ணீரைத் தேசிய வளமாகவும், பொதுவுடைமையாகவும் அங்கீகரித்து நதிநீர் இணைப்பிற்கு வழி காண வேண்டும்.
2. தொழிற்சாலைக் கழிவு நீர்ச் சுத்திகரிப்புச் செய்தல்.
3. மழை நீர்ச் சேமிப்பு, நதிநீர் இணைப்பு.
4. நிலத்தடி நீர்ப் பாதுகாப்பு.
5. நிலச் சீர்க்கேட்டைத் தடுக்க மரங்கள் வளர்த்தல், மண் அரிப்பைத் தடுத்தல், இயற்கையான விவசாய அணுகுமுறைகளைக் கையாளுதல், மாற்றுப் பயிர் சுழற்சி முறையைக் கையாளுதல், மழை, வெள்ளப் பாதிப்புகளைத் தடுத்தல்.
6. நிலச் சமச்சீர் பாதிக்கப்படாத நிலை உருவாக்குதல், வனப் பாதுகாப்பு.
7. காற்று மாசுகளைத் தடுத்தல்.
8. சுகமான சுற்றுப்புறப் பாதுகாப்பின் அவசியத்தை விழிப்புணர்வு மூலம் உருவாக்குதல்.

மேற்கூறிய தடுப்பு முறைகளால் சுகமான சுற்றுப்புறம் அமைய வழி காணலாம்.

தெரிந்து கொள்வோம்!

1. பட்டாம்பூச்சிகளின் சரணாலயம் எங்குள்ளது?
2. பச்சையம் இல்லாத தாவரம் எது?
3. அதிக ஆண்டுகள் வாழும் பறவை எது?
4. உலகிலேயே மிகப் பெரிய மூலிகைச் செடி எது?
5. இந்தியாவின் தேசிய மரம் எது?
6. காற்று நகரம் என அழைக்கப்படும் நகரம் எது?
7. பாக்கெட் பாலை அறிமுகப்படுத்திய நாடு எது?
8. சிப்பியில் முத்து விளைய எத்தனை ஆண்டுகள் ஆகும்?
9. பறவைகளுக்கு வியர்க்குமா?
10. நிலத்தின் தூரத்திற்கும், கடலின் தூரத்திற்கும் இடையே உள்ள வித்தியாசம் என்ன?

விடைகளுக்கு 144ம் பக்கம் பார்க்கவும்

16

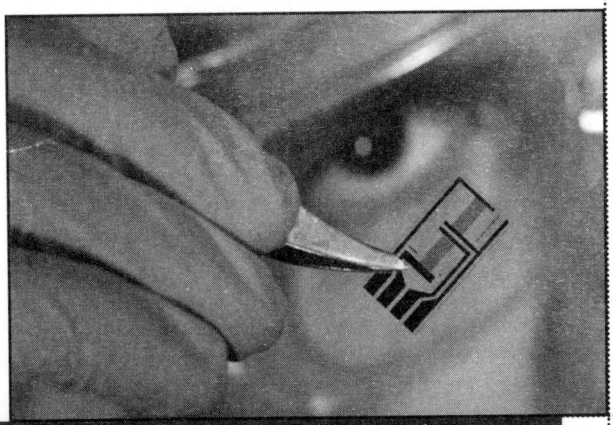

‘நானோ’ உயிர்த் தொழில்நுட்பம்

இராம. ஜெயவேல்

‘நானோ’ உயிர்த் தொழில் நுட்பம் என்பது ‘நானோ’ தொழில் நுட்பத்தின் பயன்பாடான உயிரியல் மற்றும் உயிர்வேதிச் செயல் முறைகளின் தொகுப்பாகும். ‘நானோ’ உயிர்த் தொழில்நுட்பமானது எளிய மற்றும் நுண்ணிய உயிர்வேதிச் செயல்பாடுகளைப்பற்றிக் கற்றல் மற்றும் பயன்பாடுகளை அறிதலாகும்.

'நானோ' தொழில்நுட்பத்தின் மருத்துவப் பயன்பாடு 'நானோ' மருந்தியலாகும். நானோ மருத்துவத்தில் நானோ அளவு கொண்ட பொருள்களின் மருத்துவச் செயல்பாடு மற்றும் அவற்றின் சுற்றுச்சூழல் விளைவு விரிவாக அறியப்படுகிறது. இம்முறையில் 'நானோ' அளவில் புதிய மருந்துகளைக் கண்டறிதல், புதிய மருத்துவ முறைகள், மேம்படுத்தப்பட்ட மருந்து செலுத்தும் அமைப்புகள் மற்றும் நரம்பு மண்டல மின்னணு இணைப்புகள் ஆகியவற்றில் ஆராய்ச்சி மேற்கொள்ளப்படுகிறது. ஒவ்வொரு வருடமும் 3.8 பில்லியன் டாலர்கள் 'நானோ' மருத்துவ ஆராய்ச்சிக்காகச் செலவிடப்படுகிறது.

புற்றுநோயைக் குணப்படுத்துவதில் கார்பன் 'நானோ' துகள்கள் பயன்படுகின்றன. புற்றுநோயால் தாக்கப்படும் செல்கள் போலிக் அமிலத்தை அதிக அளவில் உறிஞ்சக்கூடிய தன்மையுடையவை.

கார்பன் 'நானோ' இத்தகைய புற்றுநோய்ச் செல்களை அடைந்து, அவற்றுள் ஊடுருவி விடுகிறது. அந்தப் பகுதியில் வெளிக்காந்தப்புலத்தினால் அதிர்வுகளை ஏற்படுத்தும்போது புற்றுநோய்ச் செல்கள் இறந்துவிடுகின்றன. எனவே, புற்றுநோயைக் குணப்படுத்த 'நானோ' உயிர் தொழில்நுட்பம் உதவுகிறது. மேலும் தற்போது 'நானோ' சீரியம் ஆக்ஸைடுகளின் பயன்பாடுகள் மருத்துவ உலகில் மகத்தான பணியாற்றுகிறது.

'நானோ' மருத்துவத்தின்மூலம் உருவாக்கப்படும் 'நானோ' ரோபோக்கள் உடலில் செலுத்தும்போது குறிப்பிட்ட இடத்தில் செயலாற்றி நோயைக் குணப்படுத்துகிறது. இவ்வாறு 'நானோ' தொழில் நுட்பமும், உயிர்த் தொழில்நுட்பமும் இணைந்த 'நானோ' உயிர்த் தொழில்நுட்பமானது மனிதகுலத்திற்குப் பல்வேறு நன்மைகளைப் புரியும் என்பதில் ஐயமில்லை.

17

தமிழர் கண்ட மருத்துவத்தில் "நானோ" தொழில்நுட்பம்

இராம. ஜெயசீலன்

தமிழகத்தில் பயன்படுத்திவரும் மருத்துவ சிகிச்சை முறையில் சித்த மருத்துவத்தின் பெரும்பங்கு பழங்காலந்தொட்டு நடைமுறையில் இருந்து வருகிறது. இது,

"நோய்நாடி நோய்முதல் நாடி
                அதுதணிக்கும்
   வாய்நாடி வாய்ப்பச் செயல்"

என்னும் வள்ளுவரின் வாக்கிற்கேற்ப தமிழர் கண்ட மருத்துவ சிகிச்சை முறையாகும்.

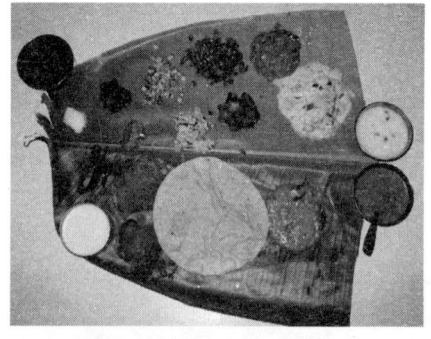

நோயின் தன்மையையும், அதன் மூலத்தையும் அறிந்து சிகிச்சையளிப்பதனால் பக்க விளைவுகள் ஏதுமின்றி பூரண குணமடைய வழிவகுக்கிறது. பல்லாயிரக்கணக்கான ஆண்டுகளுக்கு முன்பே நன்கு வளர்ச்சியடைந்த இந்த சிகிச்சை முறையானது காலப்போக்கில் அதன் பயன்பாட்டை பாதுகாக்க இயலாத காரணத்தால் பிரபலமடையாமல் இருந்து வருகிறது. "மருந்தே உணவு" என்ற தற்கால சிகிச்சை முறையைபோல் இல்லாமல் "உணவே மருந்து" என்ற கருத்தை அடிப்படையாகக் கொண்டு அளிக்கப்படுவதே தமிழர் கண்ட மருத்துவ முறையாகும்.

தமிழர் கண்ட சித்த மருத்துவ முறையில், இயற்கை மூலங்களான தாவரங்கள், பறவைகள் மற்றும் விலங்குகள் ஆகியவற்றிலிருந்து மருந்துகள் தயாரிக்கப்படுகின்றன. பெரும்பாலும் மூலிகைகளை கண்டறிந்து அவற்றின் நோய் தீர்க்கும் தன்மையை ஆராய்ந்து சித்த மருத்துவ சிகிச்சையில் பல்வேறு நோய்களை குணப்படுத்த இயலும். மேலும் வர்மா எனப்படும் தொடுசிகிச்சை முறைகள் மற்றும் எண்ணெய் தேய்த்து வலி நிவாரணமாக்குதல் போன்றவை தற்போது பிரபலமாகி வருவதைக் காணலாம்.

நிலம், நீர், காற்று, நெருப்பு மற்றும் ஆகாயம் ஆகிய பஞ்ச பூதங்கள் என்று அழைக்கப்படும் சுற்றுச்சூழலை வளமாகப் பேணிக் காப்பதன் மூலம் சுகாதாரமான சூழலை உருவாக்கி நோயற்ற வாழ்வை வாழலாம் என்பதை நம் மருத்துவத்தினர் கண்டறிந்தனர். நவீன உலகத்தில் சுற்றுப்புற சீர்கேடே அனைத்து நோய்களுக்கும் மூலாதாரமாக விளங்குகிறது என்பதை நாம் எல்லாரும் அறிவோம்.

நாம் பயன்படுத்தும் உணவு முறைகள் எவ்வாறு நோயற்ற வாழ்க்கைக்கு வழிவகுக்கிறது என்பதை "நானோ" தொழில்நுட்பம் வாயிலாகப் பார்ப்போம். நானோ தொழில்நுட்பம் என்பது நானோ (1mm = 10-9m) அளவில் சிறு துகள்களால் ஏற்படும் பயன்பாட்டு விளைவு எனலாம். நாம்

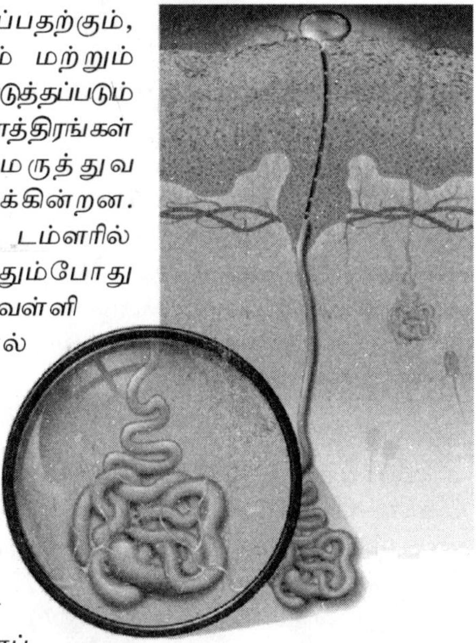

வீட்டில் உணவு தயாரிப்பதற்கும், உணவு சேமிப்பதற்கும் மற்றும் பரிமாறுவதற்கும் பயன் படுத்தப்படும் வெவ்வேறு உலோகப் பாத்திரங்கள் அவற்றிற்கே உரிய மருத்துவ குணங்களை பெற்றிருக்கின்றன. உதாரணமாக, வெள்ளி டம்ளரில் சூடான பாலை அருந்தும்போது "நானோ" அளவில் வெள்ளி துகள்கள் கரைவதால் கண்புரை நோய் வராமல் தடுக்கப் படுகிறது எனக் கண்டறியப்பட்டுள் ளது.

மயிலிறகு மற்றும் பனைமர ஓலைகளால் செய்யப்படும் விசிறிகள் மருத்துவ குணங்களைப் பெற்றுள்ளன. இவ்விசிறிகளை பயன்படுத்தி சுவாசிக்கும்போது "நானோ" துகள்கள் விளைவின் காரணமாக, காற்று தூய்மையாக்கப்பட்டு புத்துணர்ச்சி ஏற்படுகிறது. உணவு உண்பதற்கு பரிமாறப்படும் வாழை இலையில் "நானோ" அளவில் உள்ள கனிம சத்துக்கள் உணவில் கலந்து பயனளிக்கிறது.

எண்ணெய் தேய்த்து குளிப்பதன் மூலம் நம் உடலுக்கு பல்வேறு நன்மைகள் ஏற்படுகிறது. உதாரணமாக, எண்ணெய் தேய்த்து குளிப்பதால் இரத்தத்தில் கொலஸ்டிரால் அளவு குறைந்து மாரடைப்பு வராமல் தடுக்கப்படுகிறது. தோலில் "நானோ" துகள் அளவில் உள்ள துளைகள் வழியாக எண்ணெய் ஊடுருவுவதே இதற்குக் காரணமாகும். இத்தகைய தமிழர் மருத்துவ முறையான எண்ணெய் சிகிச்சை பயன்படுத்தாத வீட்டில் சர்க்கரை வியாதி, இரத்தக் கொதிப்பு மற்றும் மூட்டுவலி நோய்கள் பரவலாக இருப்பதை தற்காலத்தில் காணலாம். பெரும்பான்மையான கிராமங்களில் குடி நீரானது மண் பானைகளில் சேமிக்கப்படுகிறது. நுண்துளை கொண்ட இந்தப் பாத்திரங்களில் சிறுநீரக கோளாறு

வராமல் தடுக்கப்படுகிறது எனக் கண்டறியப்பட்டுள்ளது. உடல்நிலையைச் சமன்படுத்தி வாதம், பித்தம் மற்றும் கபம் ஆகியவை கட்டுப்பாட்டுடன் இருக்க வேண்டும் என நம் மருத்துவ முறை அறிவுறுத்துகிறது. நம் உணவில் பயன்படுத்தும் மிளகு, கடுகு, சீரகம் போன்றவை இவற்றை சமநிலைப்படுத்தும் குணமுடையவையாகும். மேலும் இவை, ஆக்சிஜனேற்ற தடுப்பங்களாக, செயல்படுவதால் நோயற்ற வாழ்க்கைக்கு உதவுகிறது. மேலும், வீட்டில் விளக்கு எரிக்க பயன்படுத்தப்படும் நல்லெண்ணெய் விளக்குகள் சுற்றுப்புறத்தை தூய்மையாக்கும் பண்பைப் பெற்றுள்ளது. இவையனைத்தும், "நானோ" தொழில்நுட்பத்தை அடிப்படையாகக் கொண்ட தாகும்.

"நோயற்ற வாழ்வே குறைவற்ற செல்வம்" என்பது நம் முன்னோர்கள் கூறிய பழமொழி. நவீன யுகத்தில் இதனை நடைமுறையாக்க, நம் பழம்பெரும் சிகிச்சைமுறையை ஆராய்ந்து புத்துணர்ச்சி கொடுக்க இதுவே தக்க தருணமாகும். வளர்ந்து வரும் "நானோ" தொழில்நுட்பத்தில் நம் தமிழர் கண்ட மருத்துவமுறைகளின் பயன்பாட்டினை ஆராய்ந்து நடைமுறைப்படுத்தி நோயற்ற வாழ்வை நோக்கிச் செயல்படுவது நமக்குப் பெருமை சேர்க்கும். "நானோ" தொழில்நுட்பத்தின் வாயிலாக நம் மருத்துவ சிகிச்சையை ஆராய்வதன் மூலம் தமிழர் கண்ட மருத்துவத்தை உலகிற்கே உணர்த்திப் புகழ் சேர்க்கலாம்.

18

செராமிக் நானோ இழைகளின் மூலம் திறன் மிக்க நீர்வடிகட்டல்

இராம. ஜெயவேல்

தற்போதைய உலகில் சிக்கனமான முறையில் பல்வேறு தொழில்நுட்ப முறைகளில் தூய்மையான குடிநீரை பெறுவதற்கான தேவை அதிகரித்துக் கொண்டே வருகின்றது. இம்முறையில் நீரைத் தூய்மையாக்கவும், அதிலுள்ள உயிரியல் பொருள்கள், நுண்ணிய கன உலோகங்கள், வைரஸ்கள் (10-200nm) மற்றும் பாக்டீரியாக்கள் போன்றவற்றை உடனடியாக வடிகட்ட ஓர் அமைப்பு தேவைப்படுகிறது. சிறிய

துகள்கள் வடிகட்ட மிகச்சிறிய துளைகள் கொண்ட வடிகட்டும் அமைப்புகளை பயன்படுத்தும்போது, நீர் வெளியேறும் திறன் குறைதல், அதிக செயல்பாட்டு செலவினம் மற்றும் அடிக்கடி வடிதாளை மாற்றுதல் போன்றவற்றால் வடிகட்டும் அமைப்பு மீளப்பயன்படுத்தும் திறன் விரைவில் குறைந்து விடுகிறது.

மைக்ரோ வடிகட்டல், நுண்வடிகட்டல் மற்றும் சவ்வின் வழியே எதிர் சவ்வூடு பரவல் மூலம் வடிகட்டல் போன்றவற்றால் 60nm வரை உருவளவுள்ள வைரஸ்கள் மற்றும் நுண்துகள்கள் வடிகட்டமுடிகிறது. மாறாக நானோ பலபடிகள் அல்லது கனிம நானோ இழைகள் / நானோ துகள்கள் மூலம் 60nm க்கும் குறைவான உருவளவுள்ள துகள்களை வடிகட்ட இயலும்.

சமீபத்தில் நானோ துளை கொண்ட வடிகட்டும் அமைப்பு உருவாக்கப்பட்டுள்ளது. சராசரியாக 10 முதல் 500nm அளவுள்ள நுண்ணிய உலோக ஆக்சைடை அடிப்படையாகக் கொண்டு செராமிக் நானோ இழை தயாரிக்கப்படுகிறது. இவ்வாறு தயாரிக்கும் இழையானது 250 முதல் 10000c வரை வெப்பபடுத்தப்படுகிறது. இதன் மேல் 1 D நானோ உலோகமாக அலுமினிய ஆக்சைடு கொண்ட Al(OH)3-r-Al2o3 பூசப்பட்டுள்ளது. இதனுடைய துளை அளவு 0.05 முதல் 2 மைக்ரோ மீட்டர் வரையாகும். துளைகள் அதிக அளவு பரப்பு கன அளவு விகிதத்தை பெற்றிருப்பதால் திறன் மிக்க வடிகட்டியாக செயல்படுகிறது. இந்தக் கண்டுபிடிப்பானது நீர் சுத்திகரிப்பு மட்டுமின்றி காற்றினைத் தூய்மையாக்கவும் பயன்படுத்தலாம் என்பது சிறப்பு.

19

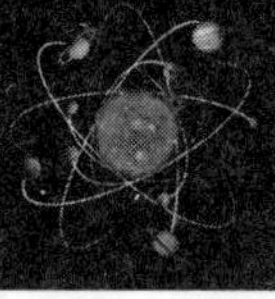

நேனோ பொருட்கள் ஆபத்தா?

கிரேக்க மொழியில் நேனோ என்ற சொல்லிற்கு குட்டை என்று பொருள். நேனோ ஒரு அளவைக் குறிப்பிடும் சொல். அந்த அளவு மிகமிகச் சிறியது. ஒரு மீட்டரில பில்லியனில் (ஆயிரம் மில்லியன்-1,000,000, 000) ஒரு பகுதி.

அணுக்களையும், மூலக்கூறுகளையும் வெவ்வேறு விதமாக அமைத்து முறைப்படுத்தி நேனோ மீட்டர் அளவில் பொருட்களை உற்பத்தி செய்யும் தொழில்நுட்பத்தைப்பொதுவாக நேனோ தொழில்நுட்பம் என்று அழைக்கின்றனர்.

மனிதனால் உருவாக்கப்படும் நேனோ பொருட்கள் கடந்த 35 ஆண்டுகளாக வர்த்தக ரீதியாக பெருமளவில் பயன்படுத்தப்பட்டு அபார வளர்ச்சி அடைந்து வருகின்றது. இந்த நேரத்தில் நேனோ உலகின் மறுபக்கத்தினை குறிப்பாக ஆபத்து (அ) பாதுகாப்பு நடவடிக்கைகள் குறித்த ஆய்வு நெறிமுறைகள் தேவை.

2009ஆம் ஆண்டுகளில் 1 பில்லியன் டாலருக்கும் மேலான அளவில் நேனோ பொருட்கள் தயாரிக்கப்பட்டுள்ளது. இது 2015 ஆண்டுகளில் 3 டிரில்லியன் அளவில் நானோ பொருட்கள் தயாரிக்கப்படும் நிலை உருவாகும் என எதிர்பார்க்கப்படுகிறது.

நேனோ பொருட்களால் ஆபத்து ஏற்படுமோ என்ற கவலைகொள்ளும் நிலையில் தேசிய ஆராய்ச்சி மன்றம் (என்.ஆர்.சி) தனது சமீபகால ஆய்வறிக்கை மூலம் நேனோ பொருட்கள் தயாரிப்பின்போது மேற்கொள்ளப்பட வேண்டிய பாதுகாப்பு குறித்த கையேட்டு அறிக்கை ஒன்றினை வழங்கி உள்ளது. இதன் மூலம் சுற்றுச்சூழல், உடல்நலம், மனிதநல பாதுகாப்பு ஆகியவைகளை கருத்தில் கொண்டு தீங்கு விளைவிக்காத ஆய்வுகள் மேற்கொள்ளப்பட வேண்டிய அவசியத்தையும், வரைமுறையையும் எடுத்துரைத்துள்ளது.

வர்த்தக ரீதியாக விரிவடைந்து வரும் நேனோ பொருட்களின ஆராய்ச்சியின்போது கவனம் செலுத்த வேண்டியதாக ஆய்வறிக்கை குறிப்பிடுவது

நேனோ தொழில்நுட்ப பொறியியல் பொருள்களின் வெளியேற்றம்

வினைச் செயல்களால் ஏற்படும் ஆபத்தினை புரிந்து கொள்ளுதல்

நேனோ பொறியியல் பொருள்கள் கூட்டுப் பொருள்களுடன் சேரும்போது ஏற்படும் விளைவுகளை பரிசோதித்தல்

அடிப்படைக் கூட்டமைப்பு பொருள்களை உருவாக்கி உடனடி விளைவுகளை அறிதல்

இதுபோன்ற அறிவுப்பூர்வமான தரமான ஆய்வுகள் எதிர்காலத்தில் பயன்மிகு நலங்களைச் சேர்க்கும். காலத்தின் பிடியால் நேனோ பொருட்களின் வளர்ச்சியானது தீயவர்கள் / வன்முறையாளர்கள தவறாக பயன்படுத்தப் பட்டால் விளைவுகள் மிகவும் பயங்கரமானதாக இருக்கும் என்ற கவலையும் பலருக்கு உண்டு. இந்தியாவைப் போன்ற வளரும் நாடுகளின் இளைய தலைமுறை நேனோ தொழில்நுட்பத்தை மக்களின் நலனிற்காக பயன்படுத்துவதில் ஈடுபாடு கொள்ள வேண்டும். சீரிய செயல்பாடுகள் மூலம் ஆபத்து என்ற அச்சம் நீங்கும்.

பாதுகாப்பான / ஆபத்தில்லா நேனோ பொருட்களின் உற்பத்தி மற்றும் தயாரிப்புகள் நாட்டின் வளர்ச்சிக்கு வழிவகுக்கும். மக்கள் நலனில் அறிவு என்னும் ஆயுதத்தால் ஆபத்து என்ற அச்சத்தைப் போக்கி வளமான அறிவியல் சிந்தனையில் மிளிர்வோமாக!

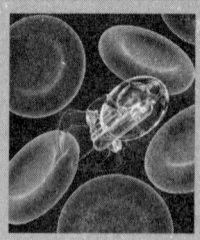
நானோ மருத்துவம்

உயிர் தொழில் நுட்பத்தில் நானோ மருத்துவத்தின் பயன்பாடு இந்நூற்றாண்டில் பெரிய புரட்சியை ஏற்படுத்தி வருகின்றது. பல்வேறு வகையான நானோ துகள்களின் மருத்துவ பண்புகளின் விளைவாக அவற்றின் பயன்பாடுகள் அமைந்துள்ளன. உதாரணமாக, வினைச்செயலற்ற சேர்மங்களின் நானோ உருவளவுள்ள பொருள்கள் வினைவேகமாற்றியாகச் செயல்படுகிறது. மிகச்சிறிய உருவளவுள்ள நானோதுகள்கள் செல்களின் வழியே ஊடுருவும் தன்மையை பெற்றிருப்பதால், அவை செல் மூலக்கூறுகளுடன் வினையில் ஈடுபடும் தன்மையைப் பெற்றுள்ளன. எனவே, இத்துறையில் நடைபெறும் புதிய கண்டுபிடிப்புகளை அறிந்து கொள்வது அவசியமாகிறது.

நானோ மருத்துவத்துறையில் பல்வேறு வகையான நானோ துகள்களின் பயன்பாடுகள் பற்றி ஆராய்ச்சி மேற்கொள்ளப்பட்டு வருகிறது. கார்பனை அடிப்படையாகக் கொண்ட புல்லரீன் மற்றும் லிபிடை அடிப்படையாகக் கொண்ட லைபோசோம்கள் ஆகிய நானோ பொருள்கள் மருந்து உட்செலுத்துதல் மற்றும் அழகு சாதன துறையில் பயன்படுகின்றன. நவீன நானோ ஆராய்ச்சியாளரின் பங்கு புதிய கண்டுபிடிப்புகளின் மூலம் மனித குலத்தை நோயற்று மகிழ்ச்சியாக வாழவைப்பதேயாகும். இதற்கு நோய் உருவாவதற்கு காரணமான வழியை ஆராய்ந்து அதனை வருவதற்கு முன் குணப்படுத்தி நன்மை சேர்த்தலேயாகும். பலபடி நானோ துகள்களுடன் இணைந்த குறைகடத்தி நானோ துகள்கள் எந்த மூலக்கூறுடன் இணைகிறதோ அதன் நிறத்தைப் பெறுவதாகும். இவ்வாறு உருவாகும் நானோ துகள்கள் சிவப்பு, மஞ்சள் பச்சை நிறத்தில் ஒளிரும் தன்மையை பெற்றிருப்பதால் அவற்றின் பாதையை எளிதாக அறிய முடிகிறது. எனவே, நுண்ணோக்கியின் வாயிலாக புற்றுநோய்ச் செல்களைக் கண்டறிந்து குணப்படுத்த முடிகிறது.

20

இரத்தத்தில் கொழுப்பு

வி. சொக்கலிங்கம்

இரத்தத்தில் உள்ள கொழுப்பு, மிருதுவாகவும், மெழுகுத் தன்மையும் கொண்டிருக்கும். சீரான கொழுப்பின் அளவு, நாம் உயிர் வாழ்வதற்கு இன்றியமையாதது.

நம் உடம்பிற்குத் தேவையான மொத்த சக்தியில் 25% மட்டுமே கொழுப்பு உணவிலிருந்து கிடைக்க வேண்டும். மேலும் 60% மாவு உணவிலிருந்தும், மீதமுள்ள 15% புரத உணவிலிருந்தும் பெற வேண்டும்.

நம் உணவின் எடையும், அதில் கிடைக்கும் சக்தியின் அளவும்

உணவின் எடை	கிடைக்கும் சக்தி
1 கிராம் மாவு உணவு	4 கிலோ கலோரி 'C'
1 கிராம் புரத உணவு	4 கிலோ கலோரி 'C'
1 கிராம் கொழுப்பு உணவு	9 கிலோ கலோரி 'C'

ஒரு சராசரி மனிதனுக்கு ஒரு நாளைக்கு தேவைப்படும் சக்தி 2000 'C' என்றால் 25% (500 'C') கொழுப்பு உணவிலிருந்து கிடைக்கலாம். அதாவது, 50 கிராம் கொழுப்பு உணவு ஒரு நாளைக்கு சாப்பிடலாம்.

இதய நோயாளிகளோ, ஒரு நாளைக்கு 510 விழுக்காடு மட்டுமே கொழுப்பு உணவு சாப்பிடலாம்.

கொழுப்பின் இன்றியமையாத தன்மைகள்

- கொலஸ்ட்ரால் எனும் கொழுப்பு, எல்லா செல்களுக்கும் வடிவம் கொடுத்து, அவைகளுக்குச் சுவராக இருந்து, இயக்கவும் செய்கிறது. முக்கியமாக மூளையின் வளர்ச்சிக்கும், செல்களின் செயல்பாட்டிற்கும், இந்த கொலஸ்டிரால் இன்றியமையாததாக இருக்கிறது.

- கல்லீரலில் இருந்து பித்த நீர் சுரக்க, கொலஸ்டிரால் என்ற கொழுப்பு தேவைப்படுகிறது. இந்தப் பித்த நீர்தான், உணவிலுள்ள கொழுப்பையும், மற்றும் கொழுப்பில் கரையும் வைட்டமின் 'A', 'E' முதலியவற்றையும் குடலில் ஜீரணமாக்கி, இரத்தத்தில் கலக்கச் செய்கின்றது.

- கொலஸ்டிரால், நம் உடம்பிற்குத் தேவையான முக்கியமான ஹார்மோன்களான, உடல் வளர்ச்சி ஹார்மோன், ஈஸ்ட்ரஜன், டெஸ்ட்டோஸ்டிரான் சுரப்பதற்கு தேவைப்படுகிறது.

நம் உடம்பிலேயே தயாராகும் வைட்டமின் 'D'க்கு கொலஸ்டிரால் மிகவும் தேவைப்படுகிறது. நம் உடம்பிலுள்ள கொலஸ்டிரால் இரண்டு வழிகளில் கிடைக்கிறது.

வெளியில் இருந்து வரும் கொலஸ்டிரால் (Exogenous Cholesterol) நாம் உட்கொள்ளும் உணவிலிருந்து கிடைப்பது.

உடலினுள் உற்பத்தியாகும் கொலஸ்டிரால் (Hepatic, Endogenous Cholesterol) நம் கல்லீரலில் இருந்தே உற்பத்தியாகின்றது.

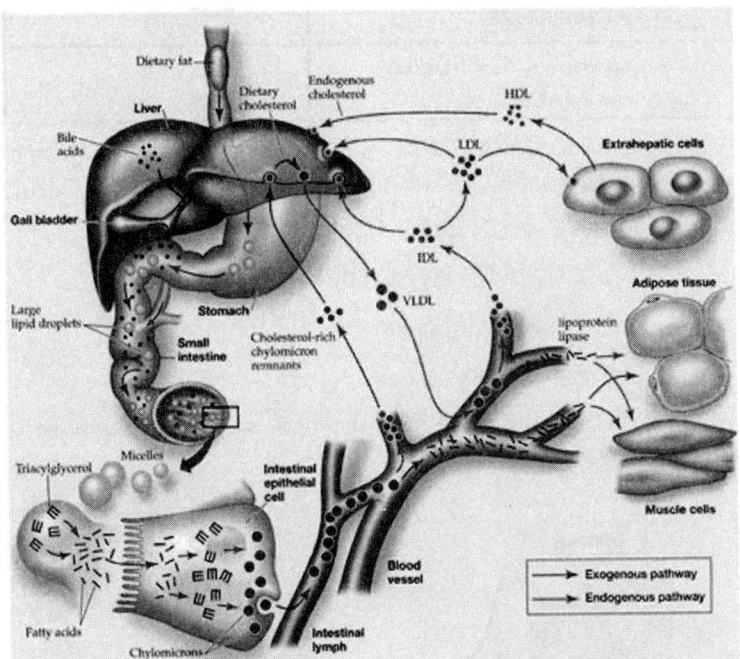

கொலஸ்டிரால் என்னும் கொழுப்பு, மாமிசக் கொழுப்பு உணவுகளில் மட்டும்தான் உள்ளது. இது தாவர கொழுப்பு உணவுகளில் கிடையவே கிடையாது. காரணம், தாவரங்கள் வாழ்வதற்குக் கொலஸ்டிரால் தேவையில்லை.

இரத்தத்தின் கொலஸ்டிரால், எப்பொழுதும், புரதச் சத்து (Lipoprotien) துணையுடன் தான் இருக்கும். அவைகள் ஐந்து வகைப்படும்.

இரத்தத்திலுள்ள 5 வகை கொழுப்புக்களும், அவைகளின் இயல்பான அளவும்:

இரத்தக் கொழுப்புகளின் வகைகள் இயல்பான அளவு

மொத்த கொலஸ்டிரால்	< 200 mgm%
குறை அடர்த்திக் கொழுப்புப் புரத கொலஸ்டிரால்	< 100 mgm%
மிக குறை அடர்த்திக் கொழுப்புப் புரத கொலஸ்டிரால்	< 30 mgm%

முக்கிளிசரைடுகள்	< 130 mgm%
மிக அடர்த்திக் கொழுப்புப் புரத கொலஸ்டிரால்	50 mgm%

இந்தக் கொலஸ்டிராலின் தன்மைகளை வைத்து, மூன்று வகை குணங்களாகப் பிரிக்கலாம்.

- நல்ல கொலஸ்டிரால்   HDL C
- கெட்ட கொலஸ்டிரால்   LDL C
- கொடூர கொலஸ்டிரால்   TGL
- மொத்த கொலஸ்டிரால்

LDL C, VLDL C, HDL C ஆகியவைகளின் கூட்டுத் தொகைதான் மொத்த கொலஸ்டிரால்.

இதன் அளவு 200 mgm%க்கு மேலே செல்லச் செல்ல, மாரடைப்பு வரும் வாய்ப்புகள் அதிகரித்துக் கொண்டே போகும். 10% அதிகமானால், 30% அதிக மாரடைப்பு வர வாய்ப்புண்டு. மாரடைப்பு வந்த நோயாளிகள் இதன் அளவை 180 mgm%க்கு குறைவாக வைத்துக் கொள்வது நல்லது.

குறை அடர்த்திக் கொழுப்புப் புரத கொலஸ்டிரால்

இதன் அளவு 100 mgm% க்கு அதிகமானால், 5 மடங்கு அதிகமாக மாரடைப்பு வர வாய்ப்புண்டு. இவர்களுக்கு பாரிச வாயு எனப்படும் மூளைத் தாக்கு (Stroke) நோயும் வர வாய்ப்பு உள்ளது.

மிக குறை அடர்த்திக் கொழுப்புப் புரத கொலஸ்டிரால் VLDL C

இதற்கும், முக்கிளிசரைடுக்கும் அதிகத் தொடர்பு உண்டு. இவை இரண்டும் ஒன்று சேர்ந்தே கூடும். ஆகவே மாரடைப்பு வர வாய்ப்பு அதிகமாகின்றது.

முக்கிளிசரைடுகள் TGL

இது முக்கியமாக உண்ணும் கொழுப்பு உணவில் இருந்து கிடைக்கிறது. மேலும், எந்தக் கொழுப்பையும், சர்க்கரையையும் கூட நம் கல்லீரல் TGL ஆக மாற்றும் சக்தி கொண்டுள்ளது.

முக்கிளிசரைகு என்னும் TGLன் அளவு 150 mgm% அளவுக்கு மேற்பட்டால் பன்மடங்கு அதிக அளவில் மாரடைப்பு வர வாய்ப்புண்டு. இந்த அதிக அளவு கீழ்க்கண்ட நோயுள்ளவர்களிடம் காணப்படும்.

- சர்க்கரை வியாதி
- உடல் பருமன்
- மது அருந்துதல்
- உயர் இரத்த அழுத்தம்
- மிக அடர்த்திக் கொழுப்புப் புரத கொலஸ்டிரால் HDLC

இதன் அளவு 35 mgm% க்கு கீழே இருந்தால் மாரடைப்பு வர வாய்ப்புள்ளது. இதன் அளவே 50 mgm%க்கு மேலே அதிகமாக இருந்தால், மாரடைப்பைத் தடுக்கின்றது. இரத்தக் குழாயில் படிந்துள்ள கெட்ட கொலஸ்டிராலை, அப்புறப்படுத்தி இரத்தக் குழாயில் ஏற்பட்ட அடைப்பை நீக்கவும் செய்கிறது.

பின்வரும் முறைகளினால் நம் கல்லீரல் தூண்டப்பட்டு, இந்த 'நல்ல' கொலஸ்டிராலை அதிகம் சுரக்கச் செய்து நம் இரத்தத்தில் கலக்க வழி செய்கிறது.

அவைகள் :

- சீரான உடற்பயிற்சி
- உடல் பருமனைக் குறைத்துச் சீரான எடையில் இருப்பது
- புகைப் பிடித்தலைத் தவிர்ப்பது
- மது அருந்துவதைத் தவிர்ப்பது

- மன மகிழ்ச்சியுடன், நகைச்சுவையுடன், அமைதியான வாழ்க்கை Type 'B' யின் தனித்தன்மையில் வாழ்வது.
- யோகாசனா பயிற்சி செய்வது
- தியானப் பயிற்சி செய்வது

வெளியில் இருந்து வரும் கொலஸ்ட்ராலை (Exogenous Cholesterol), நாம் உட்கொள்ளும் உணவிலிருந்து பெறுகிறோம். கொழுப்புச் சத்து அதிகம் உள்ள உணவுகளைப் பற்றியும், அதன் தன்மைகளைப் பற்றியும் அடுத்த அத்தியாயத்தில் விரிவாகக் கவனிப்போம்.

உடலினுள் உற்பத்தியாகும் கொலஸ்ட்ரால் (Hepatic Endogenous Cholesterol) நம் உடலில் உள்ள கல்லீரலில் இருந்து உற்பத்தியாகிறது.

நாம் சுவாசிக்கும் காற்றையும், குடிக்கும் தண்ணீரையும் தவிர, மற்ற எந்த உணவுப் பொருளும், நமக்குத் தேவைப்படும் அளவுக்கு மேல் உண்டால், அவைகள் கல்லீரல் வழியாகக் கொழுப்பாக மாறி, உடலில் எல்லாப் பாகங்களிலும், முக்கியமாக வயிற்றுப் பகுதியில், உடற்பயிற்சிக்கு வழி இல்லாததால், அதிக அளவில் சேர்க்கப்பட்டு, தொப்பை (Apple Obesity) ஏற்படுவதற்குக் காரணமாகிறது.

நம் கல்லீரல் கெட்ட கொலஸ்ட்ராலை, உணவுக்கே சம்பந்தம் இல்லாத நிலையிலும், கீழ்க்கண்ட சூழ்நிலைகளில் அதிக அளவில் சுரந்து, இரத்தத்தில் கலப்பதால், அது மாரடைப்பிற்கே காரணம் ஆகிறது.

- மன அழுத்தம், கவலை, ஆவேசம் Type A,C,D தனித் தன்மைகள்
- உடல் பருமன்
- உடற்பயிற்சியற்று சோம்பியிருத்தல்
- புகை பிடித்தல்
- மது அருந்துதல்

21. சீரான உணவு முறைகள்

உயிர் வாழ்வதற்காக உண்ண வேண்டுமே தவிர, உண்ணுவதற்காக உயிர் வாழக் கூடாது என்பது ஆன்றோர் அறிவுரை.

ஆரோக்கியமான உணவினால், உடலும், உள்ளமும், மேன்மை அடையும்.

நாம் உண்ணும் உணவும், அதன் தன்மைகளும் :

நம் உடலுக்கு சக்தியைக் கொடுக்கும் உணவுகளை இரண்டாகப் பிரிக்கலாம்.

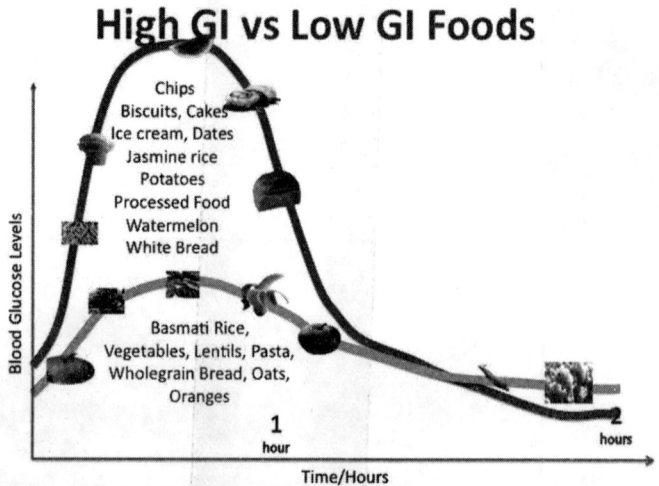

1. கண்களுக்குப் புலனாகும் உணவு வகைகள் Macro Nutrients.
2. கண்களுக்குப் புலனாகாத நுண்ணிய உணவு வகைகள் Micro Nutrients.

கண்களுக்குப் புலனாகும் உணவு வகைகள் மூன்று பிரிவு களாகும். அவை,

    கண்களுக்குப் புலனாகும் உணவுகள்
    மாவு
    சர்க்கரைச் சத்து

நமக்குத் தேவையான மொத்த எரி பொருள் சக்தியில் (Calories) 55 முதல் 60 % மாவுச் சத்திலிருந்து கிடைக்க வேண்டும். இவை, மூன்று வகைகள் ஆகும்.

(அ) காம்பிளக்ஸ் மாவுச் சத்து

    அரிசி, பருப்பு, கோதுமை, பழ வகை, காய்கறிகள்.

இந்த முக்கிய உணவுகளைச் சாப்பிட்டால், அவை ஜீரணமாகி, இரத்தத்தில் கலந்து, சக்தியைக் கொடுக்க நேரம் அதிகம் தேவைப்படும். இதனால் இவைகளைக் குறைந்த சர்க்கரைக் குறி (Low Glycaemic Index) என்று கூறுகிறோம்.

(ஆ) சிம்பிள் மாவுச் சத்து

    பால், சில பழ வகைகள் (மாம்பழம், பலாப்பழம்), சர்க்கரை, குளுக்கோஸ், வெல்லம்.

இவைகளைச் சாப்பிட்டவுடன் வெகு சீக்கிரத்தில் செரிமானமாகி, அதிக அளவில் இரத்தத்தில் கலந்து, சக்தியைக் கொடுக்கும். அதனால் இவை உயர் சர்க்கரைக் குறி (High Glycaemic Index) என்று கூறுகிறோம்.

அதனால் இவைகளை உடலில் சர்க்கரை வியாதி உள்ளவர்கள் உண்ணாது தவிர்க்க வேண்டும்.

(இ) நார்ச் சத்து

மாவுச் சத்தின் ஒரு அங்கமான நார்ச் சத்து நம் உணவில் இன்றியமையாதது ஆகும். தண்ணீரில் கரையும் தன்மையை வைத்து, கரையக் கூடிய நார்ச் சத்து, கரையாத நார்ச்சத்து என இரண்டு வகையாகப் பிரிக்கலாம்.

கரையக் கூடிய நார்ச் சத்து வகைகள்

பெக்டின் (Pectin), கம்ஸ் (Gums),

பீட்டா குளுக்கான் (Beta Glucon), சைலீயம் (sylium) போன்றவைகள் கீழ்காணும் உணவில் உள்ளது.

இந்த நார்ச் சத்து வயிற்றிலும், குடலிலும் ஜீரணம் ஆகாமல், பெருங்குடலுக்குச் சென்று, தன் நுண்கிருமிகளால்

பொங்கச் செய்யப்பட்டு (Fermant) அதனால் வெளிப்படும் ஹைட்ரஜன் (Hydrogen), மீத்தேன் (Methane),

கரியமில வாயு (Carbon-di-oxide), **கொழுப்பு அமிலங்கள்**

(Fatty acids) வாயிலாக பெருங்குடலில் நுண்கிருமிகளை அழித்தும், கெட்ட கொலஸ்ட்ராலைக் குறைக்கவும் வழி செய்கிறது.

கரையாத நார்ச்சத்து வகைகள்

செல்லுலோஸ் (Cellulose), ஹெமி செல்லுலோஸ் (Hemi Cellulose), லிக்னின் (Lignin) போன்றவைகள் கீழ்க்காணும் உணவில் உள்ளது.

பெருங்குடலில் கரையாத நார்ச் சத்துகள், நீரைத் தன்னுடன் வைத்துக் கொள்வதால், மலம் போவதை எளிதாக்கி, மலச் சிக்கலைத் தவிர்ப்பதால், கீழ்க்கண்ட நோய்களில் இருந்து காப்பாற்றப்படலாம்.

22

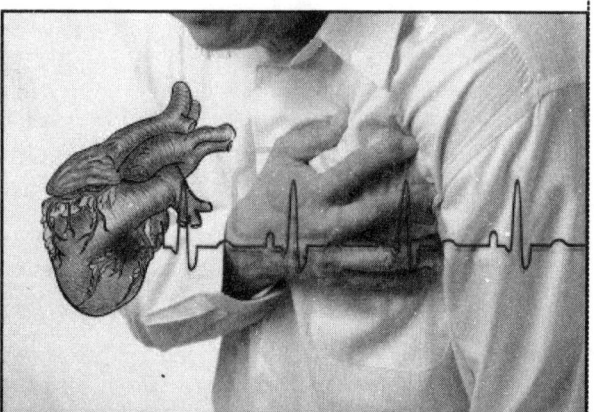

மாரடைப்பு

என் பார்வையில்

- நோயாளிக்கு மாரடைப்பு வந்ததே, அவருடைய மனதிலுள்ள அமைதியற்ற நிலை, போராட்டம், கோபம், கவலை, பயத்தினால்தான்.

- மறுபடியும் கவலையும், பயமும் தொடர்ந்தால் மாரடைப்பு வர வாய்ப்புண்டு. இதைத் தவிர்க்க வேண்டும்.

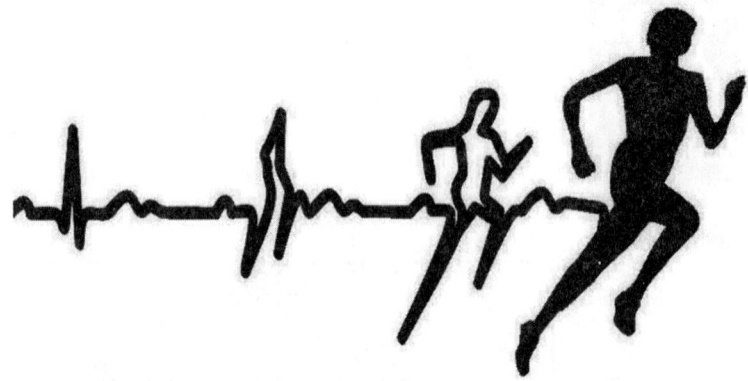

- இன்னும் மூன்று வருடங்கள் வாழ்ந்தால் போதும் என்ற எண்ணமே அவரது வாழ்நாளைக் குறைக்கும்.
- நான் சொன்ன வாழ்க்கை முறைகளைக் கடைப்பிடித்து வாழ்ந்து வந்தால் அவர் மகள் திருமணத்தை மட்டுமல்லாமல், பேத்தியின் திருமணத்தையும் கண்டு மகிழ்ந்து, 90 வயதைத் தாண்டி வாழலாம்.
- ஆறு வாரங்கள் கழித்து, அவர் தனக்குத் தகுந்ததொரு வேலைக்குத் திரும்பச் சென்று அதில் மகிழ்ச்சியும் காணலாம்.

நான் அவர் மகளிடம் கூறியது :

இப்பொழுதிலிருந்தே வாழ்க்கை முறையைச் சீராக அமைத்து வாழ்ந்தால், மரபு முறையில் வரக்கூடிய இந்த மாரடைப்பின் தன்மையை, மரபு அணுக்களிலேயே மாற்றம் அடையச் செய்து (Positive Genetic Motation), இந்தக் கொடிய நோயில் இருந்து தப்பித்துக் கொள்ள வழி கிடைக்கும்.

* திரு. மணி, 27 வயது, எடை 87 கிலோ, உயரம் 5'9''. அவர் ஐ.டி துறையில் உயர் பதவியில் பணிபுரிகிறார்.

அவருக்கு 2 மாதங்களுக்கு முன்பு Angina Class II என்று மருத்துவர்கள் Diagnose பண்ணியுள்ளார்கள். கெட்ட பழக்கம் (புகை பிடித்தல், மது அருந்துதல்) எதுவும் கிடையாது. 6 மாதங்களாக இரத்த அழுத்தம் 160/100mm Hg. ஆக உள்ளது. இரத்தக் கொழுப்பு 230mgm% உள்ளது. சர்க்கரை வியாதி கிடையாது.

பெற்றோர்

அவர்களின் கவலை தன் ஒரே மகனுக்கும், இத்தனைப் பிரச்சினைகள் உள்ளதே என்பது.

மணியின் கேள்வி:

இந்த வயதிலேயே இவ்வளவு பிரச்சினைகள் இருப்பதால், அடுத்த மாதம் திருமணம் நிச்சயிக்கப்பட்டுள்ள நிலையில் திருமணத்திற்குச் சம்மதிக்கலாமா என்பது.

என் பார்வையில்

- இவ்வளவு படித்து, மாதம் 1 லட்சம் ரூபாய் சம்பளம் வாங்கும் அவர், வசதிகள் அனைத்தையும் பெற்றும் கூட, அவரது மனதின் அமைதியற்ற, போராட்ட நிலைதான் அனைத்திற்கும் காரணம்.
- அவர் வாழ்க்கை முறையைச் சீரமைத்து, எடையைக் குறைத்து, சீரான உடற்பயிற்சியை மேற்கொண்டால், அவர் நோய்களில் இருந்து விடுதலை பெற முடியும்.
- சிறிது காலம் இரத்த அழுத்தத்திற்கும், இரத்தக் கொதிப்பிற்கும், நெஞ்சு வலிக்கும் வேண்டிய அளவு மருந்துகளையும் சாப்பிட வேண்டும்.
- அவர் பூரண குணமடைந்து, திருமண வாழ்க்கையிலும் ஈடுபட்டு பல வருடங்கள் நலமாக வாழ முடியும்.

ஆன்ஜைனா (Angina) என்னும் நெஞ்சு வலியை 4 பிரிவுகளாகப் பிரிக்கலாம்.

Class I: கடின வேலை செய்யும் பொழுது வருவது.
உதாரணம்: 2 மாடி ஏறுவது, வேகமாக நடப்பது, ஓடுவது.

Class II: சாதாரண வேலையிலும் வருவது.
உதாரணம் : நடப்பது, குளிப்பது.

Class III : மிகச் சாதாரண வேலையிலும் வருவது.
உதாரணம் : பேசும் பொழுது, சாப்பிடும் பொழுது.

Class IV: ஓய்விலேயே வருவது.

* 44 வயது தொழிலதிபர், சமீபத்தில் தீவிர மாரடைப்பு ஏற்பட்ட நிலையில் ஒரு மணி நேரத்திற்குள் (Golden Hour) வந்ததால்தான் அவரைக் காப்பாற்ற முடிந்தது.

அவருக்கு மனைவி, இரண்டு குழந்தைகள், ஒரு அண்ணன் உள்ளனர்.

அவர் மனக் கவலைக்கும், மாரடைப்பிற்கும் காரணம், தொழிலில் நஷ்டமும், தன் சகோதரர் செய்த நம்பிக்கைத் துரோகமுமே.

என் பார்வையில்:

தொழில் என்றாலே, இலாபமும், நஷ்டமும் இரண்டும் கலந்ததுதான். கூடப் பிறந்த சகோதரர் ஆயினும், முழு நம்பிக்கையை அவர் மீது வைப்பதற்கு தகுதியானவரா என்று கண்டு பிடிக்காததும், அறியாமையே. ஆகையால், இவையனைத்தும், வாழ்க்கையின் பாடங்களாகக் கருதி, மறுபடியும் அந்தத் தவறுகளைச் செய்யாமல், வாழ்க்கையின் பயணத்தைத் தொடர வேண்டும். நடந்த பிரச்சினைக்காகக் கவலைப்பட்டுக் கொண்டேயிருந்ததால் மாரடைப்பு வந்ததுதான் மிச்சமே தவிர, விடை காண முடியாது. இன்னும் கவலைப்பட்டால் போகப் போவது பிரச்சனை அல்ல, உயிர் மட்டும்தான்.

“இதயப்பூர்வமாகச் செயல்படு”

“செய்யும் தொழிலே தெய்வம்” என எண்ணி, வேலையில் ஈடுபட்டு இருக்கும் பொழுது, நடுநடுவே சிலநிமிடங்கள் ஓய்வு, உடற்பயிற்சி, தியானம் மற்றும் இசை கேட்பதால், வேலையின் சுமை குறைந்து, சுகத்தையும், மகிழ்ச்சியையும் அளித்து, இதயம் காக்கப்படுகின்றது.

உலகில் 100 வயதைக் கடந்து, அதிக மக்கள் வாழும் இடங்கள்

- காஷ்மீர் பள்ளத்தாக்கு, இந்தியா
- ஒகிநாவா, ஜப்பான்
- இத்தாலியில் ஒரு சிறு கிராமம்
- ஐரோப்பா
- கலிபோர்னியாவில் ஒரு கிராமம்
- வட அமெரிக்கா

23

மனம் காக்க மனம்

மனம் என்பது மனிதனின் பரிணாம வளர்ச்சியின் உச்சக் கட்டத்தில் கிடைக்கப் பெற்ற வரம். பார்க்கவும், தொடவும் முடியாத இம்மனதை நம்மால் உணர மட்டுமே முடியும், உடம்பில் உள்ள எல்லா பாகங்களையும், மூளையையும், இதயத்தையும் சேர்த்து இயக்கிக் கொண்டிருக்கும் மனதை, சீராக இயக்கும் வல்லமை மனதிற்கு மட்டுமே உண்டு ! எனவே 'மனம் காக்க மனம்' வேண்டும்.

மனதின் நான்கு நிலைகள்

1. விழிப்புடன் இருக்கும் நிலை (conscious mind),
2. தியான நிலை (sub-conscious mind),
3. அதிசக்தி வாய்ந்த நிலை (super mind),
4. நினைவற்ற நிலை (Unconscious mind).

விழிப்புடன் இருக்கும் மன நிலையின் பீட்டா அலைகள், தியான ஆல்பா அலைகளாகக் குறைந்து, மூளையின் வலது பாகத்தின் திறனை அதிகரித்து, அதிசக்தி வாய்ந்த நிலையை அடைகிறது. இந்நிலையில், 'தன்னை அறிவதால்' (Self realization) தன்னுள் இருக்கும் நிலையான அமைதி, அன்பு, மகிழ்ச்சியை உணர்கின்றான்.

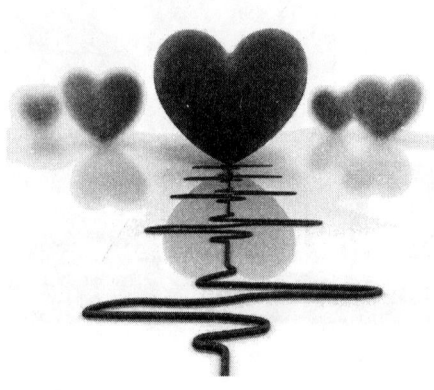

இந்நிலை உணர்ந்த மனதிற்குச் சொந்தக் காரன் இவ்வுலகில் உள்ள அனைத்தையும் வேறுபாடின்றி சம நிலையுடன் நோக்கும் வல்லமையைப் பெறு கின்றான்.

நீ உன் மனதுடன் பேசி, தியான முயற்சி யினால், இந்நிலை அடையப் பெற்று, உன் மனதை அடக்கி ஆளும் திறனைப் பெற்றால், அதுவே உன் மனதின் தன்மையாக மாறி, சீரான வாழ்க்கை அமைய வழி செய்து, உலகிற்கே நீ வழிகாட்டியாகத் திகழ முடியும்.

இருட்டில் இருக்கும்வரை, உன் நிழல்கூட உன்னைப் பின் தொடராது. நீ வெளிச்சத்திற்கு (Enlightenment) வந்த பின், நிழல் மட்டுமல்ல, உலகமே உன்னைப் பின்தொடரும்,

"வெளியுலகில் அடையும் இன்பமே
மனிதனின் அனைத்து துன்பங்களின் அடிப்படை"

- புத்தர்

இதிலிருந்து விடைபெற (liberation) ஒரே வழி, "தன் நிலை அறிதல்" (Self realization) மட்டும்தான்.

தன்நிலை அறியாத நிலையில், 'மனம் ஒரு குரங்கு' போல் இறந்த கால இழப்புக்களால், மன அழுத்தத்துடன் இருந்து கொண்டும், வருங்கால எதிர்ப்புகளை ஏக்கத்துடன் எதிர்பார்த்துக் கொண்டும், மனம் மாறி தாவிச் செல்வதால், நிகழ் கால நிம்மதியை இழந்து, எல்லா நோய்களுக்கும் அடிமையாகிறான்.

இறந்த காலம் **உடைந்த பானை**

வருங்காலம் **மதில்மேல் இருக்கும் பூனை**

நிகழ்காலம் **கையில் இருக்கும் வீணை**

நம் கையில் இருக்கும் வாழ்க்கை எனும் வீணையின் இனிய இசையை ரசிக்க, அதன் கம்பிகளைச் சீரான நிலையில் வைப்பதினால் மட்டும்தான் முடியும். தளர்த்தியான கம்பிகளை மீட்டும் பொழுது, சப்தமும் சீர்கெட்டு, இறுக்கமான நிலையில் அது அறுபடவும் செய்கிறது.

"சீரான மனமே, சீரான வாழ்க்கையின் மார்க்கம்."

'**நிகழ்கால வல்லமை**'யை உணர்ந்தால் மனம் அமைதி பெற்று, மகிழ்ந்து நிறைவுடன் வாழ வழி செய்யும்.

இறந்த காலம், நிகழ் காலம், எதிர்காலம் என்ற மூன்றுமே காலக் கோட்டின் அங்கமாகத் தோன்றினாலும், உண்மையில் அது ஒரு மாயை.

"இன்று என்பது நேற்றின் நாளை
இன்று என்பது நாளைய நேற்று"

நேற்றைய அனுபவங்கள் அனைத்தையும் பாடமாக ஏற்று, நாளைய வாழ்க்கை செம்மையாக இருக்க “இன்று” செயல்படுவதே சாலச்சிறந்தது.

உன் வாழ்க்கையில் உயர்நிலை அடைய வழி செய்வது, உன் மனநிலையும், உன் மனத் தகுதியும்தான்.

நீ கற்பனை செய்து, அதில் நம்பிக்கை வைத்து, உன் தகுதியை உயர்த்தி, சீரான முறையில் செயல்பட்டால் அடைய முடியாதது என்று ஒன்றும் இல்லை.

உண்மையில்,

“வெற்றி அடைவது மட்டுமே மகிழ்ச்சி அல்ல,
மகிழ்ச்சியுடன் இருப்பதுதான் வெற்றி”

வெற்றி என்பது பணத்தினால் அல்ல, மன மகிழ்ச்சியிலும் உடல் நலத்திலும்தான். நிலையான மகிழ்ச்சி உன்னில் இருப்பதை உணர்வதுதான்.

இந்நிலையில் உன் மகிழ்ச்சி, உன்னைச் சார்ந்தவர்களையும் சென்றடையும்.

இந்நிலைதான், உன் உடலில் உள்ள எல்லா உறுப்புக்களும், இதயமும் சேர்த்து குறைந்தது *100* வருடங்கள் இதமாக இயங்க வழி செய்யும்.

இந்த வெற்றியும் முடிவல்ல, தொடரக்கூடிய பயணம்தான்!

வாழ்க்கையும் கடலும்

தன்னை அறியாத நிலையில்,

மனம் கடல் அலைகளைப் போன்று தத்தளித்து, அமைதி பெற்ற மனம்,

அலை இல்லாத நடுக்கடலாக மாறி,

தன்னை அறிந்த ஆழ்நிலையில்,

ஆழ்கடலில் உள்ள விலைமதிப்பில்லா பொருட்களை அடைவதைப் போன்றதே!

24

சர்க்கரை நோய், நீரிழிவு நோய்

இந்நோய்க்கு இப்பெயர், இனிப்புத் தன்மையுடைய சிறுநீர் கழிப்பதால்தான் ஏற்பட்டது.

சர்க்கரை நோயை, இரண்டு வகையாகப் பிரிக்கலாம்.

1. முதல் வகை Type I Diabetes Mellitus : கணையத்தில் (Pancreas) இன்சுலின் குறைவாகச் சுரப்பதால், சிறுவயதிலேயே இந்நோய் வருகின்றது.

2. இரண்டாம் வகை - Type II Diabetes Mellitus - NIDDM.

இவ்வகையினரிடம், இந்நோய், உடலில் இன்சுலின் சுரக்கும் அளவில் பாதிப்பு ஏற்படுத்துவதாலும், கல்லீரலில் குளுக்கோஸ் உற்பத்தி அதிகமாவதாலும் சுரக்கின்ற இன்சுலினுக்கு, எதிர்ப்புத் தன்மை ஏற்படுவதாலும் வருகிறது. இதனால், உடலில் உள்ள செல்களால், இரத்தத்தில் உள்ள குளுக்கோஸை, சரிவரப் பயன்படுத்த முடியாமல் போவதால், குளுக்கோஸ் சர்க்கரை, இரத்தத்திலேயே தேங்கி அதன் அளவு கூடுகின்றது.

அதிக அளவில் காணப்படும் இந்நோய், பெரும்பாலும், 40 வயதிற்குமேல் உள்ளவர்களிடம் காணப்படுகிறது.

சர்க்கரை வியாதியைக் கண்டறியும் முறைகள்:

- காலை, சாப்பிடுவதற்குமுன் இரத்தத்தில் உள்ள சர்க்கரை அளவு ‹ 100 mgm% ஆகவும்,
- உணவு சாப்பிட்டு 2 மணி நேரத்திற்குப் பிறகு, இரத்தத்தில் உள்ள சர்க்கரையின் அளவு ‹140 mgm% ஆகவும் இருக்க வேண்டும்.
- சர்க்கரையில் இந்த இரண்டு அளவுகளுக்கு மேல் இருந்தால் அதுவே இந்நோய் இருப்பதற்கான அறிகுறியாகும்.

சிகிச்சை முறைகள்

- சீரான உடல் எடை
- மாவுப்பொருள் உணவைக் குறைத்து, கைக்குத்தல் அரிசி, முழு கோதுமையைச் சேர்ப்பது.

- *நார்ச்சத்து அதிகமாக உள்ள உணவுகளைச் சேர்ப்பது*
- *கொழுப்பு உணவைக் குறைப்பது*
- *சீரான உடற்பயிற்சி*
- *இரத்த அழுத்தத்தைச் சீரான அளவில் வைப்பது*

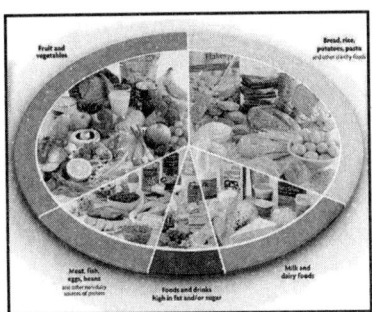

- *புகை, மது தவிர்ப்பது*
- *யோகாசனா, தியானப் பயிற்சிகளை மேற்கொள்வது*
- *மருத்துவர் ஆலோசனையின்படி மருந்துகளை, ஊசி மூலமோ அல்லது மாத்திரையாகவோ உட்கொள்வது.*
- *வேண்டுமெனில், சர்க்கரைக்குப் பதிலாக, உணவில் சாக்கரின் (Sacharin) அல்லது அஸ்பர்டோம் (Aspartom) சேர்க்கலாம்.*

சர்க்கரை நோயும், பழங்களும்

பழங்களில் உள்ள மாவுச் சத்து மூன்று வகைப்படும். அவை,

1. குளுக்கோஸ் (Glucose)
2. சுக்ரோஸ் (Sucrose)
3. ஃபிரக்டோஸ் (Fructose)

இவைகள்தாம் பழங்களுக்கு இனிப்புச் சுவையைக் கொடுக்கின்றன.

குளுக்கோஸ், சுக்ரோஸ் அதிகமுள்ள முக்கனியான மா, பலா, வாழை மற்றும் சப்போட்டா, சீதா, அன்னாசிப் பழங்களைச் சர்க்கரை வியாதி உள்ளவர்கள் தவிர்க்க வேண்டும். ஏனெனில், இவற்றின் மாவுச் சத்து, இரத்தச் சர்க்கரை அளவை உடனே அதிகரிப்பது மட்டுமல்லாமல், கலோரி சக்திகளின் அளவையும் அதிகரிக்கின்றன.

மாறாக, ஃபிரக்டோஸ் அதிகமுள்ள பழங்களான ஆப்பிள், ஆரஞ்சு, சாத்துக்குடி, கொய்யா, மாதுளை, பப்பாளி, தர்பூசணி,

வெள்ளரி, கிர்ணிப்பழம், தக்காளி, எலுமிச்சை போன்ற பழங்களில் கலோரிகள் குறைவாக இருப்பது மட்டுமல்லாமல் இவற்றில் உள்ள ஃபிரக்டோஸ், குளுக்கோஸ் ஆக மாறிய பிறகுதான் இரத்தத்தில் கலப்பதால், இரத்தச் சர்க்கரை அளவு உடனடியாக அதிகரிக்காது. ஆகையால், சர்க்கரை நோயாளிகள் இந்தப் பழங்களை அளவுடன் சாப்பிடலாம்.

சர்க்கரை நோய்களும், காய்கறிகளும்

- கீரைகளை அன்றாடம் சேர்ப்பது, நார்ச் சத்து அதிகம் இருப்பதால் மிகவும் நல்லது.
- வெண்டை, கத்தரி, முருங்கை, அவரை, பீன்ஸ், பட்டாணி தாராளமாகச் சேர்க்கலாம்.
- வெங்காயம், பூண்டு அதிக அளவில் சேர்க்கலாம். கிழங்கு வகைகளான உருளைக்கிழங்கு, சேப்பங்கிழங்கு, பீட்ரூட் குறைந்த அளவிலும், முள்ளங்கி, கேரட் தாராளமாகவும் சேர்க்கலாம்.

சர்க்கரை நோயாளிகள் தவிர்க்க வேண்டிய உணவுகள்

- இனிப்புப் பண்டங்கள், சாக்லேட், ஐஸ்கிரீம், கேக், குக்கீஸ், பிட்சா.
- எண்ணெயில் பொரித்த பொருட்கள் பூரி, வடை, சிப்ஸ் (Chips), பிரெஞ்ச்பிரைஸ் (French fries), ஸ்பிரிங் ரோல்ஸ் (Spring rolls)

இவை அனைத்தையும் மனத்தில் கொண்டு கடைப் பிடித்து, அன்றாட வாழ்க்கைமுறையை அதற்கேற்ப மாற்றி அமைத்தால், சர்க்கரை நோயைத் தடுக்கவோ அல்லது தள்ளிப் போடவோ முடியும். இந்த நோயின் விபரிதங்களைப் பெருமளவில் குறைக்கவும் முடியும்.

25

அனுபவங்கள் ஆனந்தம்

டி. சொக்கலிங்கம்

வாழ்க்கை என்னும் வீணையிலிருந்து, இனிய இசையை வெளிப்படுத்த, மனம் என்ற வீணையின் கம்பிகளைச் சரியான அளவில் 'ட்யூன்' (tune) பண்ண வேண்டும். அந்தக் கம்பிகள் தளர்ச்சியாக இருந்தாலோ, மிக இறுக்கமாக இருந்தாலோ இசையை மீட்டவே முடியாது, கம்பியே அறுந்து விடும்.

என் நோயாளிகள் அனைவரும் கூறுவது, "உலகம் பாரமாக இருக்கிறது" என்று.

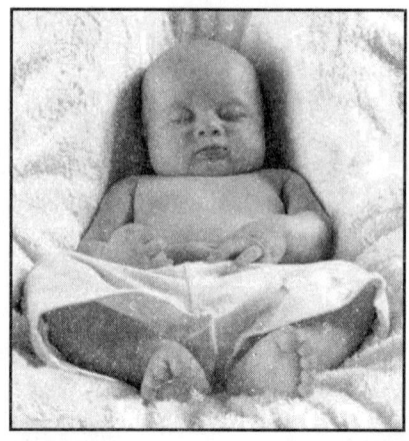

மனிதன் உலகத்தைத் தான் சுமப்பதாக நினைக்கிறானே தவிர, **600 கோடி** மக்களை இவ்வுலகந்தான் எவ்விதச் சிரமமும் இல்லாமல் சுமக்கிறது என்பதை மறக்கின்றான்.

எந்தக் குழந்தையும் தூங்குவதற்கு என்னிடம் மருந்து கேட்பது இல்லை.

ஏனெனில் அவர்கள் எப்பொழுதும், மன அமைதியுடன், மகிழ்வுடன் இருப்பதால், தூக்கம் அவர்களைத் தேடி வந்துவிடுகிறது. நாம் அமைதியற்ற நிலையில் படுக்கும்பொழுது, தூக்கத்தை விரட்டிப் பிடிக்க முடிவதில்லை.

குழந்தைகள் எப்பொழுதும் மகிழ்வுடன் ஓடி விளையாடிக் கொண்டிருப்பார்கள்.

ஏனெனில், அவர்கள் உடலும், முக்கியமாக மனதும் வளைந்து கொடுக்கும் (Flexible) தன்மையில் இருப்பதால்.

நாம் வயதாகும்பொழுது, உடலும், முக்கியமாக மனதும் வளைந்து கொடுக்கும் தன்மையை இழப்பதால் (Stiff) மகிழ்வை இழந்து, மன அழுத்தத்திற்கும் ஆளாகிறோம். இதைப் போக்கும் ஒரே வழி, சீரான உடற்பயிற்சி, யோகாசனா, தியானம்.

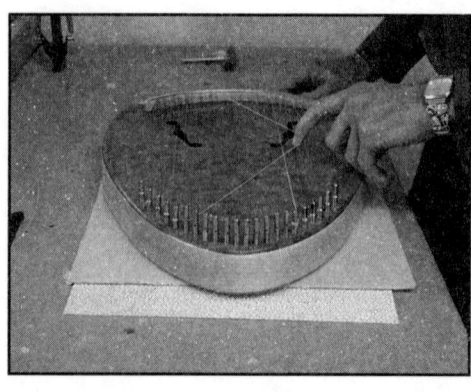

பணத்தைக் கண்டு மகிழாதவர்கள் இல்லை. உங்கள் உழைப்பினால், ஒன்றிற்குப் பிறகு சேர்க்கப்படும் பூஜ்ஜியங்கள் அனைத்தும் உங்களைச் செல்வந்தர்களாக ஆக்கி விடும். ஒன்று என்பதே, நீங்கள்

ஒருவர்தான். அந்த ஒன்று என்ற உங்களை இழந்தால், எல்லாமே பூஜ்ஜியமாகிவிடும். இப்படியிருப்பின், உங்களைக் காப்பாற்றிக் கொள்ளும் சக்தி, தன்நிலை அறிந்த சீரான எண்ணங்களால் மட்டும்தான் உங்களுக்கு கிடைக்கும்.

வானவில்

வானவில் தோன்றி மறைவதுபோல் நம் வாழ்க்கையும் தோன்றி மறைகிறது.

அதை அருகில் சென்று பார்க்கவோ, தொடவோ முடியாது. தூரத்தில் இருந்து பல வண்ணங்களை ரசிக்க மட்டுந்தான் முடியும். வாழ்க்கையும் அப்படித்தான்.

உடற்பயிற்சி

வானவில்லின் 7 நிறங்களைப்போன்று, கீழ்க் கூறும் 7 உடற்பயிற்சிகள் "நடத்தல், ஓடுதல், சைக்கிள் ஓட்டுதல், நீந்துதல், விளையாடுதல், யோகாசனா, தியானம்" போன்றவை களை, தினம் செய்தால் மனமும் உடலும் நலத்துடன் இருக்கும்.

- எண்ணும் எண்ணம்
- உண்ணும் உணவு
- சீரான உடற்பயிற்சி

என்ற இம்மூன்று மந்திரங்களையும் நம் வாழ்க்கையின் நடைமுறையில் இன்றியமையாததாக ஆக்கிக் கொள்ள வேண்டும்.

சிறுமி, ஒரு ஞானி யைப் பொய்யாக்க வேண்டுமென்று எண்ணி, தன் மூடிய கையிலுள்ள பட்டாம்பூச்சி உயிருடன் இருக்கிறதா, இல்லையா என்று கேட்கிறாள்.

உயிருடன் இருக்கின்றது என்றால், அதை நசுக்கிக்

கொன்றுவிட வேண்டும் என்றும், உயிருடன் இல்லையென்றால், அதைப் பறக்கவிட வேண்டும் என்றும் முடிவு செய்து, ஞானியிடம் அவ்வாறு கேட்டாள்.

இதற்கு ஞானி, பட்டாம்பூச்சி உயிருடன் இருப்பதோ, இறப்பதோ அவ்விரண்டும் உன் கையில்தான் என்றார்.

கையளவு உள்ள இதயத்தைக் காப்பது அவரவர் கையில்தான் இருக்கிறது. வாழ்க்கை என்பது நம் கையில், முக்கியமாக தன்னம்பிக்கையில்தான் உள்ளது. மாரடைப்பு அற்ற சமுதாயத்தை உருவாக்குவது நம் அனைவர் கையில்தான் உள்ளது.

26

வளரும் இந்தியாவின் அறிவியல் தொழில் நுட்பம்

எம். கற்பக விநாயகம்

ஒவ்வொரு வருடமும் பிப்ரவரி மாதம் 28-ஆம் தேதி தேசிய அறிவியல் நாளாக கடைபிடிக்கப்பட்டு வருவது மகிழ்ச்சிக்குரிய செய்தி யாகும். அதிலும் சிறப்பாக தமிழகம் பெருமையோடு கொண் டாடுகிற தினமாகவும் இதை எடுத்துக்கொள்ளலாம். 1986-ஆம் ஆண்டு மத்திய அறிவியல் தொழில் நுட்பத்துறை, நமது மாநிலத்தில் பிறந்து நோபல் பரிசு பெற்று, உலகத்திற்கே "ராமன் விளைவு"

என்ற மிகச்சிறந்த ஆய்வினைக் கொடுத்த சர்.சி.வி. ராமன் அவர்களுடைய நினைவாக, அவர் இந்த சிறப்பு வாய்ந்த கோட்பாட்டைக் கண்டுபிடித்த இந்நாளை "தேசிய அறிவியல்" நாளாக மத்திய அரசு அறிவித்து கொண்டாடி வருகின்றது.

ஆனால் இப்பொழுது கொண்டாடப்படுகிற இன்றைய சூழல் போற்றுதற்குரியதும் பெருமைக்குரியதுமாக அமைந்து உள்ளது. அதற்குக் காரணம், அறிவியல் மூலம் நாம் ஏற்படுத்தி இருக்கின்ற சாதனையே. இச்சாதனை ஆர்ப்பாட்டங்கள் இல்லாமல் அமைதியாகவே அரங்கேறி இருக்கின்றன. கிட்டத்தட்ட 121 கோடிக்குமேல் மக்கள் தொகை கொண்டுள்ள இந்திய நாடு, இன்று உணவு உற்பத்தியில் மற்ற நாடுகளுடன் போட்டி போடுகின்ற அளவுக்கு

தன்னை தயார்ப்படுத்திக் கொண்டு இருப்பது மட்டுமல்லாமல் இந்தியா அரிசி உற்பத்தியில் உலகிலேயே 2வது இடத்தை பெற்று இருக்கின்ற செய்தி நமது அறிவியலுக்குக் கிடைத்த வெற்றியாகும். சர்க்கரை உற்பத்தியில் உலகநாடுகளுடன் போட்டிபோட்டு தரவரிசை பட்டியலில் இடம்பிடித்து இருக்கின்றோம். காய்கறி உற்பத்தியில் இந்தியா 2வது இடத்தைப் பெற்று இருக்கின்றது. மாம்பழம், வாழைப்பழம் உற்பத்தியில் முதல் இடம் பெற்று இருக்கின்றோம் என்பது பெருமைக்குரிய சாதனையே. திராட்சை உற்பத்தியில் உலகத்திலேயே உயர்ந்து நிற்கின்றது நம் பாரதம். பால் உற்பத்தியில் தலைசிறந்து நிற்கின்றது. மீன் உற்பத்தியில் 3வது இடத்தை பிடித்து இருக்கின்றது. இத்தகைய உணவு உற்பத்தித் திறனில் இந்தியா தலைநிமிர்ந்து நிற்பதற்குக் காரணம்

வேளாண்துறையில் அறிவியல் அளப்பறிய பணியை ஆற்றி இருக்கிறது என்பது இதன்மூலம் உறுதி செய்யப்படுகிறது.

மருத்துவத் துறையில், அறிவியல் ஏற்படுத்தி இருக்கின்ற தாக்கம் இந்தியாவின் பொருளாதார வளர்ச்சிக்கும், மக்களுடைய நலனுக்கும் பெரிய பங்காற்றி இருக்கின்றது. இந்தியா நோய்த் தடுப்பு மருந்து உற்பத்தியில் பெரிய பங்கை அளித்திருப்பது இத்துறை தன்னிறைவு பெறக்கூடிய நிலையை அடைவதற்கு வெகுதூரமில்லை. உலகத்தையே ஆட்டிப்படைக்கின்ற காச நோய், மலேரியா, HIV போன்ற நோய்களுக்கு நமது நாட்டிலேயே நோய் எதிர்ப்பு மருந்து தயாரிக்கக்கூடிய சூழலை நாம் வெகு விரைவில் பெற இருக்கின்றோம்.

தொலைத்தொடர்பு துறையில் 850 மில்லியனுக்கு மேலாக தொலைத்தொடர்பு இணைப்பு வழங்கப்பட்டு இருப்பது மிகப்பெரிய சாதனையாகக் கருதப்படுகிறது. 3 மில்லியன் பொதுத் தொலைபேசி இணைப்புகளும் வழங்கப்பட்டு இருக்கின்றது. 800 மில்லியனுக்கு மேல் கைப்பேசி இணைப்புகள் நமது நாட்டில் பயன்படுத்தப்படுகிறது. குக்கிராமங்களில் வாழும் கடைக்கோடி இந்தியனும் எளிதில் பயன்படுத்தக்கூடிய வகையிலே அறிவியலின் மிகப்பெரிய தாக்கத்தால் தொலைத் தொடர்புத் துறை அசுர வளர்ச்சியைக் கண்டு அனைத்து மக்களின் கரங்களிலே உலகத் தகவல்களை கொண்டு வந்துள்ளது போற்றுதற்குரிய சாதனையாகும். நமது நாட்டு இஸ்ரோ நிறுவனத்தினால் ஏவப்பட்ட இன்சாட் 1, இன்சாட் 2, இன்சாட் 3, கல்பனா 1 ஆகிய ராக்கெட்டுகளின் மூலமாக கல்வி, மருத்துவம், வேளாண்மை மற்றும் தொலைத்தொடர்புத் துறைகளில் மாபெரும் புரட்சி ஏற்பட்டுள்ளது என்பது நாம் பெருமைப்படக்கூடிய சாதனையாகும்.

இந்த வருடம் ஒடிஸா மாநிலம் புவனேஸ்வர் நகரில் நடைப்பெற்ற 99-வது தேசிய அறிவியல் மாநாட்டில் நமது பாரதப் பிரதமர்

குறிப்பிட்ட தகவல்கள் மிகவும் கவலையாகக் கருத்தில் கொள்ள இது முக்கியமான தருணமாக இருக்கின்றது. அதாவது விவசாயத்தில் தன்னிறைவு, தண்ணீர் மற்றும் மின்சார மேலாண்மை, சூரிய சக்தியை பயன்படுத்துதல், வனங்களைப் பாதுகாத்தல், இதில் காட்டுகின்ற முக்கியத்துவம் நமது தேசத்தினுடைய வளர்ச்சிக்கும், மக்களுடைய சிறந்த வாழ்க்கைக்கும் மிக முக்கிய காரணியாக அமையும் என்பது திண்ணம். ஏனென்றால், இன்னும் ஊட்டச்சத்து குறைவாக 29% குழந்தைகள் நம் நாட்டில் இருப்பதை தேசிய அவமானமாக பிரதமர் குறிப்பிட்டதிலிருந்தே நம் நாடு உணவு உற்பத்தியில் தன்னிறைவு பெற பல முயற்சிகள் எடுத்தாகவேண்டும் என்பது தெரிகிறது.

அனைவருக்கும் பாதுகாக்கப்பட்ட குடிநீர் என்ற திட்டம் வெற்றி பெறவும் பல சவால்களை இன்று நம் நாடு சந்தித்துக்கொண்டு இருக்கின்றது. மின்சாரப் பற்றாக்குறை இன்று நம் நாட்டிலே அனைவரையும் அலற வைத்துக்கொண்டு இருக்கின்றது. இத்தகைய பிரச்சினைகளுக்குத் தீர்வு அறிவியல் தெரிகிறது. தொழில்நுட்ப ரீதியாக தீர்க்கப்பட முடியும் என்பதில் எந்தவிதமான மாற்றுக்கருத்தும் கிடையாது.

தேசிய அறிவியல் தொழில்நுட்பக் கொள்கைக்கு ஏற்ப அனைத்து மாநிலங்களும் அறிவியல் தொழில்நுட்பக் கொள்கைகளை உருவாக்கி அனைத்து மக்களையும் சமூக, பொருளாதார அளவிலே தன்னிறைவு பெற்றவர்களாக முன்னேற்றம் அடையச் செய்ய உறுதி மேற்கொள்ள வேண்டும். ஆய்வுக்கூடங்களும், ஆராய்ச்சி நிறுவனங்களும், கல்வி அமைப்புகளும், தொண்டு நிறுவனங்களும் எவ்விதப் பாகுபாடுமின்றி மிகுந்த சமூக அக்கறையோடு அடித்தட்டு மக்களும், ஏழை எளிய மக்களும் முன்னேற்றம் அடைந்திட முனைப்புடன் செயல்பட வேண்டும்.

27

ஒழுக்க வாழ்வே உன்னதமான வாழ்வு!

ஏது ஒழுக்கம்?

எண்ணங்களிலும்தூய்மை; சொற் களிலும் தூய்மை; செயல் களிலும் தூய்மை. இவைகளின் அடிப் படையில் வாழ்க்கை நடத்துவதுதான் "ஒழுக்கம்".

இந்த ஒழுக்கம்தான் நம்மையும், நம்மைச் சுற்றியுள்ளவர்களையும் அலங்கரிக்கிறது! அழகு படுத்துகிறது!

ஒழுங்கு தான் அழகு.

ஒழுக்கமான மனம்தான் உறுதியான மனம்! எதற்கும் இந்த மனதை அஞ் சாத மனம்! நிமிர்ந்த நன்னடையும்,

நேர்கொண்ட பார்வையும் கொண்ட மனம்! எவற்றாலும், எவராலும் வெல்ல முடியாது. அவ்வளவு வலிமையானது!

கல் வலிமையானதுதான்! ஆனால் அதைவிட வலிமையானது இரும்பு!

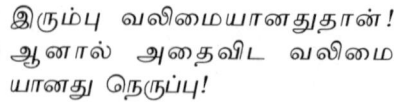

இரும்பு வலிமையானதுதான்! ஆனால் அதைவிட வலிமையானது நெருப்பு!

நெருப்பு வலிமையானதுதான்! ஆனால் அதைவிட வலிமையானது நீர்!

நீர் வலிமையானதுதான்! ஆனால் அதைவிட வலிமையானது காற்று!

காற்று வலிமையானதுதான்! ஆனால் அதைவிட வலிமையானது மலை!

மலை வலிமையானதுதான்! ஆனால் அதைவிட வலிமையானது எது தெரியுமா? அதுதான் உறுதியான மனம்!

ஒழுக்கமானவர்கள் எப்போதும் முயற்சித்துக்கொண்டே இருப்பார்கள். முன்னேறிக்கொண்டே இருப்பார்கள். அடுத்தவர்களையும் முன்னேறும்படி ஊக்குவித்துக்கொண்டே இருப்பார்கள்.

ஊக்குவிப்போர் ஊக்குவித்தால் ஊக்கு விற்பவன்கூட தேக்கு விற்பான். ஊக்குவிப்போர் இல்லாவிடில் தேக்கு விற்பவன்கூட சாக்கு விற்கும் நிலைமைக்கு வந்துவிடுவான்.

எனவே, இந்த ஒழுக்கமானவர்கள்தான் தன்னையும் உயர்த்திக் கொள்கிறார்கள், இந்த சமுதாயத்தையும் உயர்த்தி விடுகிறார்கள்.

எனவேதான், இவர்கள் தோல்வி யடைந்தாலும் துவண்டு விடுவதில்லை. வெற்றி பெற்றாலும்கூட வெறி கொள்வதில்லை.

இவர்களுக்குத் தெரியும் வீழ்வது கேவலமல்ல. வீழ்ந்து கிடப்பதுதான் கேவலம் என்று! இவர்களுக்குத் தெரியும் விழாமலேயே வாழ்ந்தான் என்பதில் பெருமை இல்லை; விழுந்தபோதெல்லாம் எழுந்தான் என்பதுதான் பெருமை என்று!

இவர்கள் சமுதாயத்தை அழகு படுத்துகிறார்கள். சமுதாயம் இவர்களை அழகுபடுத்துகிறது. இரண்டும் சேரும்போது அது இறைவன் படைப்பிற்கு அழகு.

பகவான் பாபா சொல்வார் "சத்தியம் எனது பிரச்சாரம், தர்மம் எனது ஆச்சாரம், சாந்தம் எனது ஸ்வரூபம், பிரேமம் எனது சுபாவம்" என்று.

சத்தியத்தை நம்ப வேண்டும்; தொடர்ந்து நம்ப வேண்டும்; அப்போது தான் சரித்திரத்திலே எழுத்தாகலாம்!

நதிபோல நடக்க வேண்டும்; நடந்து கொண்டே இருக்க வேண்டும்; அப்போதுதான் சமுத்திரத்திலே சங்கமிக்கலாம்!

ஒழுக்கமுள்ளவர்கள்தான் அடக்கமாக இருப்பார்கள். அந்த அடக்கம் கொண்டவர்கள்தான் பொறுமையாக இருப்பார்கள். அந்த ஒழுக்கம்தான் ஆண்மை. அடக்கம்தான் வலிமை. பொறுமைதான் ஆற்றல். இந்த மூன்று இயல்புகளும் சேர்ந்ததுதான் "ஆன்மீகம்".

ஆன்மீகம் என்பது மதம் சம்பந்தப்பட்டதல்ல. மதங் களையும் மீறிய மனிதநேயத்தோடுகூடிய மனோ இயல்புதான் "ஆன்மீகம்".

உயிருடன் வாழ்வது மாத்திரம் வாழ்க்கை அல்ல. உயிர்ப்புடன் வாழ்வதுதான் வாழ்க்கை. அந்த உயிர்ப்பை தருவது ஆன்மீகம்தான்.

விவேகானந்தர் இளைஞர்களைப் பார்த்து சொல்வார் "இளைஞனே இமயம் நீ! தாழ்வு உனக்கில்லை! கதிரவன் நீ! குளிர் உனக்கில்லை! வானம் நீ! சுருக்கம் உனக்கில்லை! மகாநதி நீ! சோர்வு உனக்கில்லை! சமுத்திரம் நீ! ஓய்வு உனக்கில்லை! சக்தி நீ! பிரபஞ்சம் நீ!! அண்ட சராசரமும் நீ!!! விதியால் உன்னை என்ன செய்ய முடியும்? விதியைப் பொசுக்கிச் சாம்பலாக்கு!

பெரிய குறிக்கோளை மனதில் வை! அதை நோக்கி பயணம் செய்துகொண்டே இரு! குறிக்கோளை அடைகிறவரை ஓய்ந்து விடாதே!

நினைவில் கொள்! உன்னை யாராலும் வெல்ல முடியாது! இது விவேகானந்தர் இளைஞர்களுக்குச் சொன்ன ஒழுக்க மந்திரம்.

வாழ்க்கையில் மூன்று முக்கியம்.

- கர்வம் கொள்ளக்கூடாது. ஏனெனில், கடவுளை இழந்து விடுவோம்.
- பொறாமை கொள்ளக்கூடாது. ஏனெனில் நண்பனை இழந்துவிடுவோம்.
- கோபம் கொள்ளக்கூடாது. ஏனெனில், நம்மையே நாம் இழந்துவிடுவோம்.

முயற்சித்துக்கொண்டே இருப்போம். முயற்சிகள் தவறலாம், ஆனால் முயற்சிப்பதில் தவறக்கூடாது.

கடலை விட்டு கொஞ்சம் தள்ளி நின்றால் கிடைப்பது கடல் காற்று! கடலில் இறங்கி அள்ளி எடுத்தால் கிடைப்பது உப்பு! முன்னேறி வலை வீசினால் கிடைப்பது மீன்! ஆழம் போய் மூழ்கி எடுத்தால் கிடைப்பது முத்து!

ஆழம் செல்லச் செல்லத்தான் ஆதாயம். முயல முயலத் தான் முன்னேற்றம். முயல வேண்டும், முயல வேண்டும், வெற்றி அடைகிறவரை முயல வேண்டும் என்ற வெறிதான், வேட்கைதான் நம் வெற்றிக்கு அடித்தளம்.

எந்தத் துன்பத்தையும் தாங்கிக்கொள்ளவேண்டும். துன்பம்தான் பொறுமையைத் தருகிறது. பொறுமைதான் அனுபவத்தைத் தருகிறது. அனுபவம்தான் நம்பிக்கையைத் தருகிறது. அந்தச் சக்தியால் நம்மை உயர்த்திக் கொள்ள வேண்டும், அடுத்தவர்களையும் உயர்த்திவிட வேண்டும்.

மரத்தின் பெருமை அதன் உயரத்தால் அல்ல. அது உதிர்க்கும் பழங்களைப் பொறுத்தது. மலரின் பெருமை அதன் நிறத்தில் அல்ல. அது வெளிப்படுத்தும் மணத்தைப் பொறுத்தது அது.

மனிதனின் பெருமை பதவியால் அல்ல. அது அந்தப் பதவி தருகிற சக்தியை அடுத்தவர்களுக்காக பயன்படுத்துவதைப் பொறுத்தது.

சில சமயங்களில் அடுத்தவர்களுக்காக உழைக்கும்போது; அடுத்தவர்களின் துயர் துடைக்க உதவும்போது; இயற்கை நம்மை சோதிக்கிறது. அந்த சோதனைகள் நம்மைச் சோர்ந்து போய்விட அனுமதித்துவிடக்கூடாது. அதை எதிர்த்துப் போராடவேண்டும். போராட்டம் இல்லாத வாழ்க்கையில் கிடைக்கிற மகிழ்ச்சியை விட போராடி வெற்றிபெறுகிற மகிழ்ச்சிதான் மிகப்பெரியது.

காற்றை எதிர்த்துப் போராடும்போதுதான் காற்றாடி பறக்கிறது! மண்ணை எதிர்த்துப் போராடும்போதுதான் விதை முளைக்கிறது! அலையை எதிர்த்துப் போராடும்போதுதான் ஓடம் நகர்கிறது! விண்ணை எதிர்த்துப் போராடும்போதுதான் விமானம் மேல்நோக்கிக் கிளம்புகிறது!

எனவே, இறை நம்பிக்கையோடு அடுத்தவருக்கு உதவுவோம். அதில் ஏற்படுகிற சோதனைகளை எதிர்த்துப் போராடி வெற்றி பெறுவோம்.

ஒவ்வொரு நாளும் நம்மை நாமே சரிப்படுத்திக்கொள்வது தான் வாழ்க்கை; நம்மை நாமே செதுக்கிக்கொள்வதுதான் வாழ்க்கை; நம்மை நாமே முழுமைப்படுத்திக்கொள்வதுதான் வாழ்க்கை.

உறங்கி உறங்கி ஓய்வெடுப்பது வாழ்க்கை அல்ல. ஓய்வில்லாமல் உழைப்பதும் உதவுவதும்தான் வாழ்க்கை. படுத்துக்கிடப்பவனுக்கு வாழ்க்கை ஒரு சுகம். எழுந்து நடப்பவனுக்கு வாழ்க்கை ஒரு வரம்!

படுத்துக்கிடப்பவனுக்கு பகல்கூட இரவுதான்! பறக்கத் துடிப்பவனுக்கு திசையெல் லாம் கிழக்குதான்!

யார் இளைஞன்? நிறைவை நோக்கி நடத்து கின்ற பயணத்தை நிறுத்தாத வன் எவனோ, அவன்தான் இளைஞன். பூரணத்தை நோக்கி முன்னேறிக்கொண்டே இருப்பவன் எவனோ அவன் தான் இளைஞன்.

எப்போதும் உற்சாகமாக, எப்போதுமே துடிப்பாக, எப்போதுமே மகிழ்ச்சியாக, எப்போதுமே ஒழுக்கமாக இருப்பதுதான் இளமை.

28

இன்பமான வாழ்க்கை

ஏது விதி?

உன்னுடைய செயல்கள்.

"தீதும் நன்றும் பிறர் தர வாரா" என்கிற சொல் இருக்கிறதே, அதுதான் விதி, அதுதான் சட்டம். நல்லது செய்தால் நல்லது வரும். கெட்டது செய்தால் கெட்டது வரும். இதுதான் விதி.

'ஏனோ கஷ்டப்படுகிறேன். அது என் விதி' என்பது நம்மை நாமே சமாதானப்படுத்துகின்ற சொற்களாக இருக்கலாம்.

நம்மை நாமே ஆற்றுப்படுத்திக் கொள்கிற ஆறுதல் வார்த்தைகளாக இருக்கலாம்.

ஆனால், உண்மையில் 'நேற்று தவறு செய்து விட்டோம், இன்றைக்குத் திருந்திவிட்டோம். இன்றைக்காவது சேவை செய்வோம், இன்றைக்காவது நல்லது செய்வோம் இன்றைக்காவது அடுத்தவர்களை மகிழ்விப்போம்' என்ற எண்ணம் உனக்குள் எப்போது வருகிறதோ, அப்போதுதான் உன்னால் உன் விதியை உருவாக்கிக்கொள்ள முடிகிறது.

நீ பசியோடு சாப்பிடப்போகும்போது அடுத்தவன் வருகிறான்.

அவனுக்கு உனது சாப்பாட்டைக் கொடுத்துப்பார்!

அந்தச் சாப்பாட்டை நீ சாப்பிட்டு அடையக்கூடிய மகிழ்ச்சியை விட அதிகமான மகிழ்ச்சியை அடுத்தவன் சாப்பிடும்போது நீ பெற முடியும்!

"நகர்மணா நப்ரஜயா தனேன
தியாகே நைகே அமிர்தத்வ மாநக்ஷுகு"

நீ செய்கிற செயல்கள் மட்டும் உனக்கு உயர்வைத் தந்துவிடாது.

மக்களைப் பெறுவது மட்டும் உன்னை உயர்த்தி விடாது!

பணம் சம்பாதிப்பதால் மட்டும் நீ உயர்ந்தவன் ஆகிவிட முடியாது.

"தியாகே நைகே அமிர்தத்வ மாநக்ஷுகு."

எப்போது தியாகம் செய்கிறாயோ, எப்போது அடுத்தவர்களுக்காக உன்னையே தருகிறாயோ அப்போதுதான் உனக்கு உயர்வு, அன்றுதான் உனக்கு உயர்ந்த இடம்! அன்றுதான் உனக்கு பரிபூரணமான வாழ்க்கை!

இந்தத் தியாக மனப்பான்மை, (Sense of Sacrifice). அடுத்தவர்களுக்காக வாழ்கிற வாழ்க்கை, என்பதுதான் இன்பமான வாழ்க்கை.

29

அறிவியல் தொழில்நுட்பமும் ஆன்மிகமும்

'அறிவியல் தொழில்நுட்ப வளர்ச்சியில் இந்தியா'

விதைகள் சிறிதுதான். அதில்தான் ஆயிரமாயிரம் ஆல மரங்கள் அடக்கம்.

இளைஞனே! நீ ஒரு வெள்ளைக் காகிதம்! நீ பத்திரம் எழுதப் பயன்பட வேண்டும். பாத்திரம் துடைக்க நீ பயன்பட்டுவிடக் கூடாது.

தாமஸ் ஆல்வா எடிசனாக நாம் ஒவ்வொருவரும் மாற வேண்டும். இந்தியா இப்போது ஒளிமயமான எதிர் காலத்தைத் தொட்டுக்கொண்டிருக்கிறது.

முன்னாள் குடியரசுத் தலைவர் டாக்டர் அப்துல்கலாம், தான் எழுதிய ஒரு புத்தகத்தை ஒரு மாணவியிடம் கொடுத்து, "நீ என்னவாக ஆக விரும்புகிறாய்" என்று கேட்டபோது அவள், "நான் டாக்டராக விரும்புகிறேன்; ஒரு வழக்கறிஞராக விரும்புகிறேன்; ஒரு பொறியாளராக விரும்புகிறேன்; ஒரு நீதிபதியாக விரும்புகிறேன்" என்று சொல்லவில்லை.

அவள் சொன்னது என்ன...

"I want to live in a devoloped country instead of a devoloping country"

குடியரசுத் தலைவர் அப்துல் கலாமையே அதிர வைத்த அணுகுண்டு பதில் அவளுடையது.

எவ்வளவு உயர்ந்த ஆசை அவருக்கு !

பாரதி சொன்னார்: "இறைவா! ஒரு முதியவருடைய அறிவு முதிர்ச்சியை எனக்குக் கொடு! நடு வயதுக்காரனுடைய மனத்திட்பத்தைக் கொடு! இளைஞனுடைய உற்சாகத்தை எனக்குக் கொடு! குழந்தையின் இதயத்தை எனக்குக் கொடு!" என்று கேட்டார்.

இன்றைக்கு முதுமைகள் கூடத் தங்களை இளமையாக்கிக் காட்டுவதற்கு 'மை' தடவிக் கொண்டு நிற்கின்றதை, பார்க்கிறோம். இதனால் இளமை வந்துவிடுவதில்லை. நல்ல உள்ளம், நிறைந்த உழைப்பு, மிகுந்த பணிவு இவை தான் இளமை! இவைதான் இறைமை!

உண்மை உழைப்பு நாணயம் நேர்மை தூய்மை இது இருந்தால் இன்றைக்கு அல்ல, என்றைக்காவது ஒருநாள் இமயத்தின் உச்சியை எட்டிப் பிடிப்பது நிச்சயம்.

யார் இளைஞன் ?

"நிறையை நோக்கி நடக்கின்ற பயணத்தை நிறுத்தாதவன் எவனோ அவனே இளைஞன். பூரணத்தை நோக்கிப் போய்க்கொண்டே இருப்பவன் எவனோ, அவனே இளைஞன்."

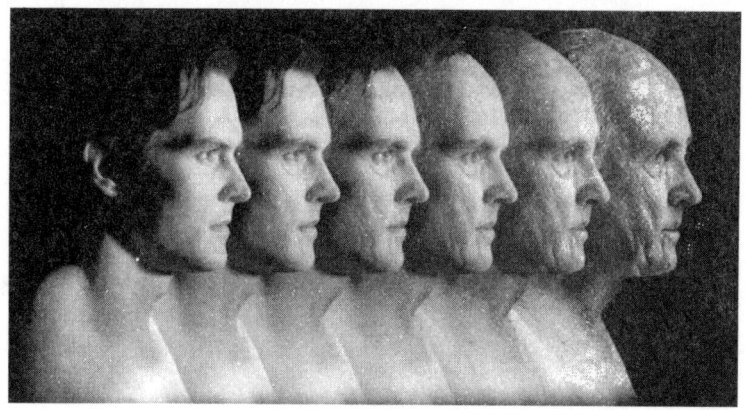

ஒவ்வொருவரும் ஒரு குறிக்கோளை வைத்துக் கொள்ள வேண்டும். அவரவர் துறைக்கு ஏற்ப ஒரு குறிக்கோள் இருக்க வேண்டும். அதன் உச்சத்தை அடைய வேண்டும்.

அதற்கு இரண்டே இரண்டு தகுதிகள் போதும்.

ஒன்று உழைப்பு; மற்றொன்று ஒழுக்கம்.

இன்றைக்கு எத்தனையோ இளைஞர்கள் முதியவர்களாகக் காட்சி அளிக்கிறார்கள்.

எத்தனையோ முதியவர்கள் இளைஞர்களாகக் காட்சி அளிக்கிறார்கள்.

எப்போதும் உற்சாகமாக, துடிப்புடன், மகிழ்ச்சியுடன், எதையாவது கற்றுக்கொண்டே, தன்னைத் தானே செதுக்கிக்கொண்டே இருப்பதுதான் இளமை. எப்போதும் துளிர்விட்டுக்கொண்டு, புதுப்பித்துக்கொண்டே, உயர்ந்து கொண்டே இருப்பதுதான் இளமை! எப்போதும் வளர்ந்து கொண்டே இருப்பதுதான் இளமை.

நிறைவு என்பது என்ன, அது முடிவைக் குறிப்பதல்ல, ஒரு அத்தியாயத்தினுடைய முடிவு, இன்னொரு அத்தியாயத்தின் துவக்கம்.

செடியின் நிறைவு மலர்கள்
மரத்தின் நிறைவு கனிகள்
காற்றின் நிறைவு தென்றல்
குயிலின் நிறைவு கூவல்
நகரின் நிறைவு தெருக்கள்

தடாகத்தின் நிறைவு தாமரை
கடலின் நிறைவு அலைகள்
வானின் நிறைவு நிலா
பெண்ணின் நிறைவு கற்பு
மனிதனின் நிறைவு ஒழுக்கம்
பதவியின் நிறைவு பணிவு
சிந்தனையின் நிறைவு செயல்

கற்றுக்கொண்டது மிகமிகச் சிறியது. கற்றுக்கொள்ள வேண்டியது மிகமிகப் பெரியது. இந்த வேட்கை இருந்தால்தான் உங்களால் உயர முடியும். கடைசி எல்லை வரை உயர முடியும்.

அதற்குத் தேவை ஒழுக்கமும், உண்மையான உழைப்பும். பலபேர் தவறான வழிகளில் போய்ச் சம்பாதிக்கிறார்கள். சம்பாதிப்பது அல்ல நமது நோக்கம்.

இளைஞர்களே! நினைவில் கொள்ளுங்கள்... நாம் சாதிக்கப் பிறந்திருக்கிறோம். சம்பாதிப்பதற்கு மட்டும் அல்ல.

30

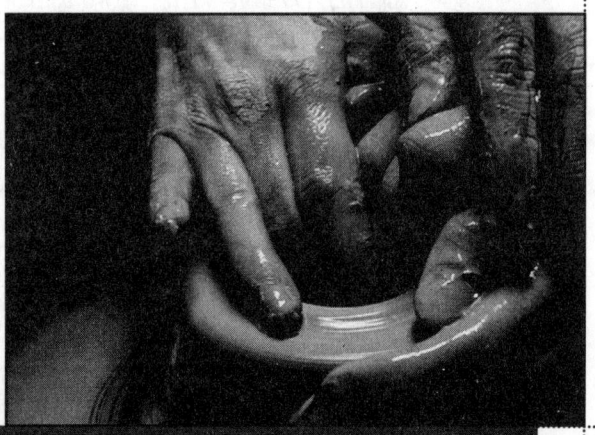

வாழ்க்கை ஓர் எடுத்துக்காட்டு

நாம் வாழ்கிறோம் என்பது முக்கியமல்ல. நாம் வாழும்போது மற்றவர்களுக்கு எடுத்துக் காட்டாக வாழ்ந்து காட்டினால், தான் அது பொருளுள்ள வாழ்க்கையாக அமையும்.

நாம் சந்திக்கும் அவமானங்கள் நம்மைச் செதுக்க வேண்டும்.

நாம் படுகின்ற துயர்கள் நம்மைத் தூக்கி நிறுத்த வேண்டும்.

நாம் சிற்பமாக வேண்டும்; நாம் சிற்பமாக வேண்டும் என்ற நோக்கோடு இருக்கும்போது உளியின் மீது குறை சொல்லக் கூடாது!

முதல் வகுப்பு பயணச்சீட்டு இருந்தும் புகை வண்டியில் இருந்து தூக்கி எறியப்பட்டபோது ஏற்பட்ட அவமானத்தால், அந்த அநியாயத்தைத் தட்டிக் கேட்கப் புறப்பட்டதால்தான் தீப்பந்தம் ஆனார் மகாத்மா காந்தி!

ரௌத்திரம் பழகு என்றான் பாரதி!

'சினம் என்னும் சேர்ந்தாரைக் கொல்லி' என்றான் வள்ளுவன். எது உண்மை?

பாரதி கோபம் வேண்டும், சினம் வேண்டும் என்று சொன்னது எதற்காக?

அடுத்தவனை அழிப்பதற்காக அல்ல!

அவன் தீமை செய்கிறபோது, பதிலுக்குத் தீமை செய்வதற்கு அல்ல.

அவன் நம்மை அவமானப்படுத்துகிறபோது, நாம் பாதிக்கப்படும்போது, நாம் ஒரு தீர்மானத்தை நமக்குள்ளே ஏற்படுத்திக் கொள்ள வேண்டும்!

நமக்குள்ளே ஒரு முடிவு எடுத்துக் கொள்ள வேண்டும்.

என்னை அவமானப்படுத்திவிட்டாயா? நான் யார் என்று காட்டுகிறேன் பார் என்று வைராக்கியம் கொள்ள வேண்டும். விஸ்வரூபம் எடுக்க வேண்டும்.

வாழ்ந்து காட்டுவதைவிட நம்மை இகழ்ந்தவனைப் பழிவாங்கும் செயல் வேறு எதுவும் இருக்க முடியாது.

வெற்றி காண வேண்டும் என்கிற வெறி உங்களுக்குள்ளே தீப்பந்தமாக எரிந்து கொண்டிருக்க வேண்டும். அதுதான் இளமை.

வெற்றியிலே வெறி கொள்ளக் கூடாது.

தோல்வியிலே துவண்டுவிடக் கூடாது.

உங்களது பயணம் அதனால் தடைப்பட்டு விடும்.

கௌரவமான முறையில் பெறுகிற தோல்வி கேவலமான முறையில் அடைகிற வெற்றியைவிட மேன்மையானது!

31

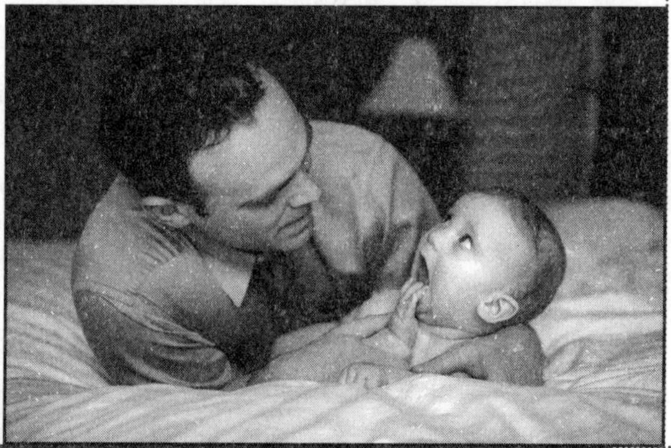

நல்ல மகனாக நடந்து கொள்வது எப்படி?

லேனா தமிழ்வாணன்

ஒருவரைப்பற்றிய உண்மையான தன்மைகளை அறிந்து கொள்ள வேண்டுமென்றால், அவர் தம் பெற்றோரிடம் எப்படி நடந்துகொள்கிறார் என்பதை வைத்தே சொல்லிவிடலாம்.

சிறு பிள்ளையாக இருக்கும்போது ஆசைப்பட்டவற்றை எல்லாம் அடைய முயல்வது இயல்பு. அது அறியாப் பருவம். கொடுக்கக் கூடியதாய் இருந்தால் விரும்பும் பொருளைக் கொடுத்தும், கொடுக்க இயலாத

பொருளாக இருந்தால் குழந்தையின் கவனத்தைத் திசை திருப்பிவிடுவதும் பெற்றோர் இயல்பு. ஆனால், வளர்ந்துவிட்ட பிறகும் விரும்பியவற்றையெல்லாம் அடைய முயல்வது தவறு. அங்கே, பெற்றோர்கள், நன்மை காரணமாகக் குறுக்கே நிற்கும்போது, அவர்களே சிலருக்கு எதிரிகள்போல் தோற்றம் அளிக்கிறார்கள். இதனால் இத்தகையவர்கள் பெற்றோர்களை வெறுக்க ஆரம்பிக்கிறார்கள். இந்தச் சிறிய நெருப்பு காட்டுத் தீ போல் பரவி, இல்லாத பொல்லாத விளைவுகளை உண்டு பண்ணுகிறது. அன்பும் பாசமும் அற்றுப் போகின்றன.

இத்தகைய மகன்கள் உடலால் வளர்ந்திருக்கிறார்களே தவிர, உள்ளத்தால் வளரவில்லை என்று தான் சொல்ல வேண்டும்.

கீழ்ப்படிந்து போதல் என்பது அடிமைத்தனம் அல்ல. அதேபோல் அடங்காமல் போவது சுதந்திரமல்ல; நம் நன்மை கருதிதான் தடையானது எழுப்பப்படுகிறது என்பதை ஏனோ இவர்கள் உணர்வதில்லை.

ஒருவேளை, பெற்றோர்களின் முடிவு தவறாக இருக்கலாம். அதை அவர்கள் உணரும்படி எடுத்துச் சொல்லலாம் அல்லது மற்றவர்கள் மூலம் சொல்ல வைக்கலாம். அதோடு மகனின் உண்மை முடிந்துவிடுகிறது.

அவர்கள் குற்றச்சாட்டுகள் நம் நன்மைக்கே என்பதை உணரவேண்டும். அவர்கள் எடுக்கும் முடிவு நம்மைக் கெடுப் பதற்காக என்று எண்ணுவதைத் தவிர்க்க வேண்டும்.

எத்துணைச் செல்வமும், உயர் பதவியும், புது மனைவியும் வந்தாலும் நீங்கள் நீங்களாகவே இருக்க வேண்டும். பெற்றோர்களுக்கு உரிய பற்றும், பாசமும் உரிய மரியாதையும் சற்றும் குறையவிடக்கூடாது.

நாம் வாழ்வது அவர்களால்! நாம் உயர்ந்ததும் அவர்களால்! நம் திறமை அவர்களால்; எல்லாமே அவர்களால்! என்னும் வண்ணம் உள்ளத்தில் 'லப்டப்' ஒலிபோல் எந்நேரமும் ஒலித்துக் கொண்டிருக்க வேண்டும்.

அவர்கள் நமக்கு ஆற்றவேண்டிய கடமைகள் முடிந்து விட்டன; அல்லது அவற்றை அவர்கள் நமக்கு முறையாக ஆற்றிக்கொண்டிருக்கிறார்கள்; ஆனால் நாம் அவர்களுக்கு ஆற்றவேண்டிய கடமைகளை முறைப்படிச் செய்தோமா

என்ற உணர்வு ஒவ்வொரு மகனுக்கும் இருக்க வேண்டும். அவர்களுக்குப் பணக்கஷ்டமோ மனக்கஷ்டமோ வராமல் பார்த்துக்கொள்வதைத் தனது தலையாயக் கடமையாக வைத்துக்கொள்ளவேண்டும்.

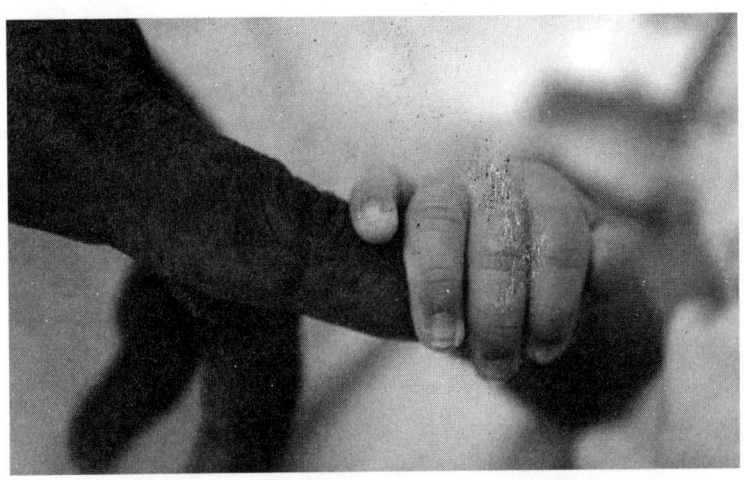

சுற்றி வளைக்காமல் சுருக்கமாகச் சொல்ல வேண்டுமானால் என் தாயும், தந்தையும் என்னை எண்ணும்போது பெருமை அடைகிறார்களா?

என் தாயும், தந்தையும் என்னை எண்ணும்போது மகிழ்ச்சி யாவது அடைகிறார்களா? என்ற இந்த இரண்டு கேள்விகளை ஒவ்வொரு மகனும் தன் நெஞ்சைத் தொட்டுக் கேட்க வேண்டும்.

ஆம் என்பது மனசாட்சியின் பதிலாக இருக்குமானால்...

அவனே நல்ல மகன்!

ஸ்டெதாஸ்கோப் எப்படி உருவானது?

பெரிய சாதனைகள் பல உருவாவாதற்கு சிறு நிகழ்ச்சியே மூலக்காரணமாக அமைகிறது என்பது லென்னேக் வாழ்விலும் உண்மையாயிற்று. சிறுவர்கள் சிலர் பூங்காவில் விளையாடிக் கொண்டிருந்தனர். அப்பொழுது ஒரு சிறுவன் 'சீசா' எனும் ஒரு வகையான மரப்பலகையின் ஒரு முனையில் குண்டூசியால் கீறிக் கொண்டிருந்தான். அதே பலகையின் மறுமுனையில் தன்னுடைய காதைப் பொருத்தி ஒலியைக் கேட்டுக் கொண்டிருந்தான் மற்றொரு சிறுவன். பலகையின் ஒரு முனையில் குண்டூசியால் மெதுவாகக் கீறியபோது உண்டான ஒலி மறுமுனையில் மிகத் தெளிவாகப் பெரியதாக ஒலித்ததைக் கேட்டதும் அச்சிறுவனுக்கு வியப்பும் மகிழ்ச்சியும் உண்டாயிற்று. அதைப்பார்த்துக் கொண்டிருந்த மருத்துவரான லென்னெக் மரம் போன்ற திடப் பொருட்கள் ஒலியைப் பெருக்கும் தன்மையுடையவை என்னும் உண்மையை அச்சிறுவர்களுக்கு விளக்கிக் கூறினார். அப்பொழுதுதான் இதயத்தின் ஒலியை ஒரு திடப்பொருளின் மூலம் ஏன் தெளிவாகக் கேட்க இயலாது என்ற எண்ணம் அவர் உள்ளத்தில் தோன்றியது.

உடனே மருத்துவமனைக்குச் சென்று, காகிதங்களை ஓர் உருளை வடிவமாகச் சுருட்டி நோயாளியின் மார்பின் மீது வைத்து, மறுமுனையால் தனது காதை வைத்துக் கேட்டபோது ஒலி மிகத் தெளிவாகக் கேட்டது. காகிதத்தைவிட மர உருளையின் உதவியால் ஒலியை நன்கு கேட்க முடியும் என்று தயாரிக்கப்பட்ட கருவிக்கு 'ஸ்டெதாஸ்கோப்' என்று பெயரிட்டார்.

32

நமக்கும் மேலே ஒருவர்

அச்சாணியற்ற வாகனம்;
கடிவாளமற்ற குதிரை;
கரையற்ற நதி

ஆகியவற்றின் நிலைமை என்னவாகும் என்பதைச் சொல்லித்தான் உணர வேண்டுமென்பதில்லை.

ஆனால், இத்தகைய நிலைக்கு வலியச் சென்று, தங்களை ஆளாக்கிக் கொள்பவர்களின் நிலை பரிதாபகரமானது.

அதாவது, இவர்களை யாரும் எதுவும் சொல்லக்கூடாது, இவர்களை எத்தகைய

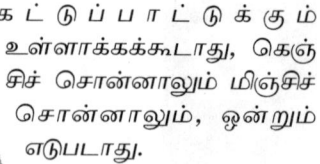

கட்டுப்பாட்டுக்கும் உள்ளாக்கக்கூடாது, கெஞ்சிச் சொன்னாலும் மிஞ்சிச் சொன்னாலும், ஒன்றும் எடுபடாது.

எல்லாம் தன் விருப்பப்படி நடக்க வேண்டும்; தான் எண்ணுவதே சரியானது என்பது இவர்களது மனப் போக்கு.

காற்றை அடிப் படையாகக் கொண்டு இசையை எழுப்பும் இசைக் கருவிகளில் காற்றைத் தடைசெய்யும் எத்தனையோ சிறு அமைப்புகள் இருக்கும். அத்தகைய காற்றுத் தடைகளை முறைப்படி இயக்கும்போதுதான் இனிமையான இசை எழும்புகின்றது.

வாழ்விலும் இப்படித்தான்.

கட்டுப்பாடுகளையும், தடைகளையும் முறைப்படி பயன் படுத்திக் கொள்கிறவர்களின் வாழ்வும் இனிமையாகவே கழிகின்றது.

ஆசிரியர் பேச்சைக் கேட்க மாட்டேன்; தாய் தந்தையர் சொல்லைப் பின்பற்ற மாட்டேன்; உயர் அதிகாரிகளுக்குக் கட்டுப்படமாட்டேன்; நண்பர் பேச்சை நல்லதென்றாலும் ஏற்க மாட்டேன் என்றெல்லாம் பிடிவாதமாய் இருப்பவர்கள் தங்கள் தவற்றைத் தாமதமாக உணருகிறார்கள் பல இழப்புகளை ஏற்படுத்திக் கொண்ட பிறகு தானாகத் திரிந்து தற்குறியாய் இருப்பவர்களின் முடிவு எந்நாளும் சரியானதாக இருப்பதில்லை.

ஒன்று, உறவு தரும் அன்புக்குக் கட்டுப்பட வேண்டும்; அல்லது திறமை மிகுந்தவர்களுக்குக் கட்டுப்பட வேண்டும். அல்லது தகுதியானவர்களுக்காவது கட்டுப்படவேண்டும்.

அப்படிக் கட்டுப்பட்டு நடப்பதைச் சிலர் கௌரவக் குறைவானது என்று புரிந்து கொண்டுள்ளனர். இது தவறு. தான் தோன்றியாய் இருப்பதே கௌரவக் குறைவான செயல்.

நாமாகத் தேர்ந்தெடுத்துச் செல்லும் வழியானது நம்மிடத்தே ஏற்கனவே மனவிருப்பத்தை உண்டாக்கி விடுகிறது. ஆகவே பெரும்பாலும் இது நல்லவழி என்றே நம் மனதுக்குப் படும். மற்ற வழிகள் நம் கண்ணிலிருந்து மறைபடவும் செய்யும்.

ஆனால் நம்மை வழி நடத்திச் செல்பவர்கள் பெரும்பாலும் முன் அனுபவம் உள்ளவர்களாய் இருக்கக்கூடும். வாழ்க்கைப் பாடங்களைத் தெளிவாக அறிந்தவர்களாக இருக்கவும் கூடும். இந்நிலையில் நல்லது எது? கெட்டது எது? நாம் செல்லும் பாதை சரிதானா, நிதானமாகத்தான் செயல்பட்டுக் கொண்டிருக் கிறோமா என்றெல்லாம் ஆழம்காண இவர்கள் பெருமளவு உதவக்கூடும்.

நமக்கு மேலே ஒருவர் இல்லாவிட்டாலும் வலியச்சென்று தகுதியுடைய எவர் சொல்லுக்கேனும் கட்டுப்படும் தன்மையை வளர்த்துக் கொள்வது புத்திசாலித்தனமான செயலாக இருக்கும்.

மாறாக, இருக்கின்ற தொடர்புச் சங்கிலிகளையும் அறுத்து எறிந்துவிட எண்ணுவது புத்திசாலித்தனமாகாது.

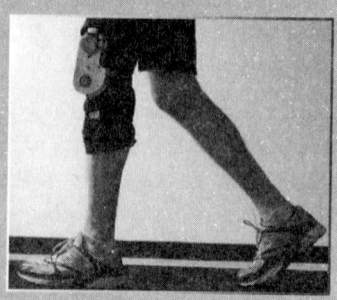

நடந்தால் உருவாகும் மின்சாரம்

நடந்தால் பிறக்கும் மின்சாரம்.

எந்த ஒரு பெரிய முயற்சியும் இல்லாமல் நாம் நடந்தாலே, மின்சாரம் உருவாகும். ஒருவகை ஓடுகளை (Tiles) கண்டறிந்துள்ளார் லாரன்ஸ் என்ற ஆய்வாளர்.

"மக்கள் அதிகமாகக் கடக்கும் சாலைப் பகுதிகளில், சுரங்கப் பாதைகளில், பெரிய கடைகளில் இந்த ஓடுகள் பதிக்கப்பட்டு, மக்கள் அதன் மேல் நடந்து போவதில் உண்டாகும் இயக்க ஆற்றல் மின் ஆற்றலாக மாற்றப்படுகிறது.

சாலை ஓரங்களில் பதிக்கப்படும் இந்த ஓடுகளைக் கொண்டு மின்சாரம் தயாரித்து, அந்த மின்சாரத்தை சாலை ஓரங்களில் இருக்கும் விளக்குகளுக்கும் பயன்படுத்தலாம்" என சொல்லுகிறார் இந்த ஆய்வாளர்.

100 சதவிகிதம் மறுசுழற்சி செய்ய முடிகிற மூலப்பொருட்களைக் கொண்டு தயாரிக்கப்படும் இந்த ஓடுகள், 5 வருடங்களுக்கு கிட்டதட்ட 20 மில்லியன் மிதிகளை (அடிகள்) வாங்கிக் கொள்ளும் சக்தி படைத்தது. இந்த மின்சாரத்தை சிறிய பாட்டரிகளில் சேமிக்கவும் முடியும் என்பது கூடுதல் தகவல்.

தற்பொழுது கிழக்கு லண்டனில் சோதனையில் இருக்கிறது இந்த அரிய கண்டுபிடிப்பு. எப்படியோ மின்சாரப் பற்றாக்குறையை தவிர்க்கக்கூடிய இந்தக் கண்டுபிடிப்பு பெரிய அளவில் பயன்படுத்தப்பட்டால், பல வகை தட்டுபாடுகள் குறையும்.

33

தள்ளிப் போடும் தவறான பழக்கம்

"பின்னாடி பார்த்துக்கலாம், குடியா முழுகிப் போய்விடும்?" என்று காரியங்களைத் தள்ளிப் போடுகிறவர்கள், வாழ்க்கையில் எதையும் சாதிக்கமுடியாது.

இன்றே, இப்பொழுதே, இந்த நொடியே செய்து முடிக்க வேண்டும் என்று எண்ணுபவர்கள் இலாபக் கணக்கைக் காணமுடியாது.

உடனுக்குடன் செய்து முடிப்பது என்றால், வெந்ததும், வேகாததுமாக அவசரப்பட்டு முடிப்பது என்று பொருளல்ல!

ஒரு காரியத்தைச் செய்ய வேண்டிய நேரத்தில் செய்து முடிப்பது என்பதுதான் தள்ளிப் போடாமை என்பதற்குச் சரியான பொருள்.

மேலும், இத்தகைய மனப்போக்கில் வாய்ப்புகளும் நழுவி விடுகின்றன.

வாழ்க்கையில், வாய்ப்புகள் என்பவை வெள்ளத்தில் சிக்கிக் கொண்டிருக்கும் மனிதனை நோக்கி வரும் படகுகள் போன்றவை. சரியான நேரத்தில் அவற்றில் குதிப்பவன் கரையேறுகிறான். மற்றவன் தண்ணீரில் மூழ்கி மேலும் தத்தளிக்கிறான்.

மகனின் திருமணம் முதல், ஒரு கடிதம் எழுதிப் போடுவது வரை எந்தக் காரியத்தையும் உரிய நேரத்தில் செய்வதுதான் உகந்தது.

சிலர் தாங்கள் விரும்பாத, ஆனால் சந்தித்தே தீரவேண்டிய காரியங்களைத் தள்ளிப்போட்டு, அந்த இடைப்பட்ட நேரத்திலாவது நிம்மதியாக இருக்கலாம் என்று முடிவு காண்கின்றனர்.

தவறு ஒன்றைச் சந்தர்ப்பவசமாகச் செய்துவிட்ட ஒருவன், போலீசுக்குப் பயந்து தலைமறைவாகத் திரிகிறான். 'நம்மை

ஜெயிலில் தள்ளிவிடுவார்களே' என்ற பயம்தான் காரணம். இந்தக் குற்றவாளி உலகம் புரியாதவன்.

காரணம், அந்த இடைப்பட்ட நாள்களிலும் அவன் தண்டனையை அனுபவிக்கிறான். அதாவது வெளியில் வரமுடியாத நிலை; மனசாட்சியின் உறுத்தல் இவையும் அவனைக் கொல்லாமல் கொல்கின்றன.

போலீஸ் அவனைப் பிடிக்கிறது. தண்டனையை அதிகமாக்குகிறது.

ஒரு வேளை, அவனே வலிய முன்வந்து சரணடைந்திருந்தால் தண்டனை குறைந்திருக்கும். இடைப்பட்ட காலத்தில் அனுபவித்த வேதனைகளும் மிஞ்சியிருக்கும்.

இத்தகைய நிலைதான் ஒரு விஷயத்தைத் தள்ளிப் போடுகிறவர்களுக்கும். தள்ளிப்போடுவதால் இடைப்பட்ட காலத்தில் கிடைக்கும் இன்பம், மகிழ்ச்சி ஆகியவை எல்லாம் போலியானவை.

அதற்குப் பதிலாக, உடனே அவற்றைச் சந்தித்துப் பிரச்சனைகளைத் தீர்த்துவிட்டால் கிடைக்கும் மன அமைதியே நிரந்தரமான இன்பம்.

எதையும் உடனுக்குடன் செய்வதால் காலமும், காசும் மிஞ்சுகின்றன.

என்றைக்கு இருந்தாலும் சந்திக்க வேண்டிய ஒன்றை இன்றே சந்திப்போம்!

என்றைக்கு இருந்தாலும் செய்து முடிக்க வேண்டியவற்றை இன்றே செய்து முடிப்போம்!

அறிந்து கொள்வோம்!

- இந்தியாவில் ரயில் போக்குவரத்து இல்லாத மாநிலம் மேகாலயா.
- பூமத்திய ரேகை என்ற பொருளைப் பெயரில் கொண்ட நாடு ஈக்வடார்.
- பிரமிடுகளுக்கு பிரசித்தி பெற்ற எகிப்து, குண்டூசியை முதன் முதலில் கண்டுபிடித்த நாடாகும்.
- மான்களின் கொம்பு வளர்ச்சி வெப்பநிலைக்கு ஏற்றபடி மாறுகின்றன.
- நிறமாலையைக் காண ஸ்பெக்ட்ராஸ்கோப் எனும் கருவி பயன்படுகிறது.
- மேகங்களின் திசை, உயரம் ஆகியவற்றை அறிய பயன்படும் கருவி நீபோஸ்கோப்.
- புதுவகையான டிசைன்களை உருவாக்கப் பயன்படும் கருவி கலைடாஸ்கோப்.
- மிகக் குறைந்த வெப்பநிலையை அளவிடப் பயன்படும் கருவி கிரையாஸ்கோப்.
- அச்சிட்ட படங்களைத் திரையில் விழச் செய்ய உதவும் கருவி எபிடாஸ்கோப்.

76ம் பக்க கேள்விகளுக்கான விடைகள்:

1. மெக்ஸிகோ நாட்டில்
2. காளான்
3. நெருப்புக்கோழி
4. வாழை மரம்
5. ஆலமரம்
6. சிக்காகோ
7. ஃபிரான்ஸ்
8. 15 ஆண்டுகள்
9. அவைகளுக்கு வியர்வைச் சுரப்பி இல்லாததால் எவ்வளவு விரைவாகப் பறந்தாலும் வியர்க்காது
10. நிலத்தில் ஒரு மைல் என்பது 5280 அடிகள். கடலில் ஒரு மைல் என்பது 6080 அடிகள்.

34

பாராட்டுங்கள்! பாராட்டுங்கள்!!

யாராவது என்னைப் பாராட்டினால் அதைக்கொண்டே இரண்டு மாதங்களை நான் சுலபமாக கடத்திவிடுவேன், என்கிறார் பிரபல அறிஞர் மார்க்ட்வைன்.

"மலைபோல் குவிந்து கிடக்கும் தங்கத்தைவிட மனத்தை மயக்கும் பாராட்டுதல்களே மனித இனத்தின் மிகப் பெரிய பலவீனம்."

உங்களை அனைவரும் மதிக்கவேண்டுமா? உங்கள் பேச்சை எல்லாரும் கேட்க வேண்டுமா? உங்கள் காரியங்கள் அனைத்தும் வெற்றி பெற வேண்டுமா?

பாராட்டுங்கள்!

மற்றவர்களைப் பாராட்டுங்கள்!

காரியத்தைச் சாதித்துக்கொள்ள வேண்டும் என்ற எண்ணம் எழும்போது மட்டும் பாராட்டுவது என்பது 'காரியவாதி' செய்யும் செயலாகும். காரியவாதிகளை உலகம் விரைவில் புரிந்துகொண்டுவிடும்; வெறுத்து ஒதுக்கிவிடும்.

உள்நோக்கம் ஏதும் இல்லாமல் அனைவரையும் பாராட்டும் பழக்கத்தை ஏற்படுத்திக் கொள்வது பயனுள்ள செயலாக அமையும்.

இதற்கு மற்றவர்களிடம் உள்ள சிறப்பியல்புகளைப் பிரித்தறிந்து காணும் திறமை வேண்டும்.

மீன் நாற்றமாக நாறும். ஆனால் அதனிடம் பாராட்டத் தகுந்த துள்ளல் இருக்கின்றதே! சிங்கம் இரக்கமற்ற விலங்காக இருக்கலாம். ஆனால் அதனிடம் துணிவு இருக்கிறதே!

மாடு முட்டும். ஆனால் அதனிடம் பாலும், உழைப்பும் இருக்கின்றனவே!

மனிதர்கள் குறைப்பாடு உடையவர்கள்தான். ஆனால் அவர்களுடைய தனித்தன்மைகளைப் புரிந்துகொண்டு அவற்றைப் பாராட்ட வேண்டும்.

அதாவது ஆழத்தில் இழையோடிக் கொண்டிருக்கும் உண்மையைக் கண்டுபிடித்துப் பாராட்டவேண்டும்.

மற்றவர்களைப் பாராட்டிக்கொண்டேயிருப்பதால் இனிமையான சூழ்நிலை பிறக்கிறது. இது விரும்பத் தகுந்தது.

பாராட்டு என்பதுதான் ஒரு மனிதனின் உழைப்புக்குக் கிடைக்கும் உண்மையான கூலியாகும்.

"ஒவ்வொரு கலையின் பின்னும், ஒவ்வோர் உழைப்பின் பின்னும் பாராட்டு என்னும் எதிர்பார்ப்பு மறைந்து கிடக்கிறது."

தன்னைத்தானே ஒருவன் பாராட்டிக்கொள்ளும்போது அதில் இசையும், நளினமும் இருப்பதில்லை. மாறாக மற்றவர்கள் பாராட்டும்போது பக்கவாத்தியங்கள் சேரும்போது சுருதி சேர்கிறது. இசை இனிக்கிறது.

வேடிக்கையாகக் கேலி செய்தால் குற்றமாக எடுத்துக் கொள்ளும் மனநிலையை உடைய மனிதன், வேடிக்கையாக, நேரடியாக 'ஐஸ்' வைத்தால் அதையும் உண்மையென நம்பி உற்சாகமடைகின்றான்.

குற்றங்குறைகளையே கண்டுபிடிக்க முயல்பவர்களை மனிதமனம் விரும்புவதில்லை.

வாய் ஒரு சக்தி வாய்ந்த சாதனம்.

பேச்சு என்பது ஆற்றலுள்ள ஒரு கலவை.

அது அணுசக்தியைப் போன்றது.

அதை அழிவு வேலைக்குப் பயன்படுத்திக் கெடுத்துக் கொள்வதும், ஆக்கப்பூர்வமான சக்தியாக உயர்த்துவதும் நம் கையில்தான் இருக்கின்றது!

நிலாக்கல்

உலகில் முதல் முதலில் எடுத்து வரப்பட்ட நிலாக்கல் (1970) அனார்த்தோசைட் (Anorthosite) என்ற பாறை வகை என்றும் அது கால்சியம், அலுமினியம் கலந்து சிலிகேட் கலவை என்றும் ஆராய்ந்து தெரிவித்தனர். அதன் ஒரு சிறு பகுதியை ஆய்வாளர்கள் சென்னைக்கு கொண்டு வந்து நம்மிடம் காட்சிப் பொருளாக காண்பித்த பொழுது நமக்கு ஏற்பட்ட மகிழ்ச்சிக்கு அளவே இல்லை.

35

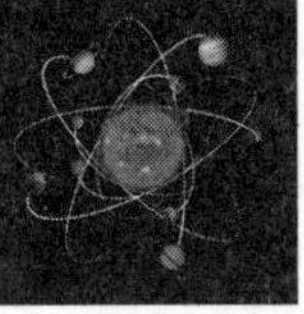

நீண்ட வாழ்க்கை!

மரு.கோ. அன்பழகன்

பிறவிகளில் சிறந்தது மனிதப் பிறவி. உலகில் நல்ல இன்பங்களை நுகர்ந்து, அறிவின்பமும் வளர்ந்து வாழ படைக்கப்பட்டது. அவ்வறிவின் ஒளியினால் படைத்த இறைவனை அடைய மனிதப் பிறவியைப் பயன்படுத்த வேண்டும். இறைவனின் திருவடியே பேரின்பம்.

இம்மையில் நல்ல இன்பம், மறுமையில் இறைவனோடு பேரின்பம், இதை அறியாமல்

குறையான இன்பங்களை அடைய விழைகிறது மனித இனம். இதனால் ஆயுள் குறையும். இறைவனடியும் கிட்டாது.

சிறு வயது முதல் உடலிலுள்ள எலும்பு, தோல், சதை, நரம்பு, செந்நீர்க் (குருதி) முதலான கருவிகள் செம்மையாய் இருக்க வேண்டும். இதோடு இவ்வுடலின் உள் நிற்கும் உயிரின் நினைவுகளும் தூய்மையாக இருக்க வேண்டும். இதனால் அருந்தல், பொருந்தல், உறங்கல், உடுத்தல் முதலான செயல்களும் தூய்மையாக இருக்கும். இந்த வாழ்வே இயல்பாகவே கடவுளின் திருவருள் ஒளியில் அழுந்தி நிற்கும். இதுவே நூறாண்டு வாழ வைக்கும் வழியாகும்.

அடிகளாரது வாழ்க்கையிலேயே ஒரு நிகழ்வால் இதை எடுத்துக்காட்டுகிறார். ஒருமுறை பலமனேரி என்ற ஊரிலிருந்து காட்டுப்பகுதியிலமைந்த மாளிகை ஒன்றில் தங்க நேர்ந்தது. இரவில் தூங்கும்போது ஒரு பாம்பு கையில் சுற்றுவதாகக் கனவு கண்டேன். உடனே விழித்தால், உண்மையிலேயே ஒரு கரும் பாம்பை அருகில் பார்த்து, பதட்டத்தோடு ஓடித் தப்பித்தேன். இதே போன்ற நிகழ்வு நான் திருநெல்வேலியில் நண்பருடன் பேசிக்கொண்டிருக்கையில் நிகழ்ந்தது. பின்னால் ஓர் தேள் இருப்பதாக உணர, உடனே எழுந்து பார்க்க, தேள் இருந்தது!

தூய வாழ்க்கை, இறையருள் காப்பு இவையே இந்த உள் ஒளியாகிய இறைவொளியைப் பலரும் அறிவதுமில்லை. பாராட்டுவதுமில்லை. இது 'அகக்குருடு எனப்படும். அகக்கண்ணைத் திறப்பது எப்படி?

தூய வாழ்க்கை இல்லாவிடில் ஒருவன், காமம், மது போன்றவைகளால் தன் உடல் நலத்தைக் கெடுத்துக் கொள்வதுடன், தன்னோடு இணையும் பெண்ணின் உடல் நலத்தையும், பிறக்கும் பிள்ளையின் உடல் நலத்தையும் கெடுத்து விட ஏதுவாகும்.

ஜேம்ஸ் ஈஸ்டன் (James Eston) என்பவர் 100 ஆண்டுகளுக்கு மேல் வாழ்ந்து 1712 பெரியோர்களின் வாழ்க்கையைப் பற்றி அரிய நூல் எழுதியுள்ளமை அறியத்தக்கது.

ஜேநாதன் ஷீதா (191). தாமஸ் பார் (152). ராபர்ட் ஜெங்கின்ஸ் (150), ஷென்லி ஆபலவா (180) போன்ற பலரும் எடுத்துக்காட்டுகளாகச் சான்றுகளோடு குறிப்பிடப்பட்டுள்ளனர்.

ஏற்கனவே தீய பழக்கங்களால் பலங்குறைந்த ஒருவன் மீண்டும் அவற்றை விட்டொழித்தபின், உடலை உரம் பெறச் செய்து 100 ஆண்டுகள் வாழ முடியுமா?

முடியும்! ஆனால் ஒருவர் உடம்பு மற்றொருவர் உடம்பைப் போல் இராது.

"புல்நுனிமேல் நீர்போல் நிலையாமை யென்றெண்ணி
இன்னினியே செய்க அறவினை"

- திருக்குறள்

நூறாண்டுகள் வாழ,

நல்ல உடல் நலம், மன நலம் காப்போம்.

அறிந்து கொள்வோம்!

சர் ஐசக் நியூட்டன்

"கற்பனை பெருக வேண்டின்
கல்வியைப் பெருக்க வேண்டும்
வெற்றியைப் பெருக்க வேண்டின்
மேன்மேலும் முயல வேண்டும்
அற்பமாய் முயன்றால் யாரும்
அறிவினால் பழுத்தாரில்லை
கற்பூரத் தீயினாலே
கற்பனை வெந்தா போகும்"

என்று 'வெற்றிக்கு வழிகாட்டி' கவிஞர் சுரதாவின் கவிதை பேசும்.

அறிவின் வழிகாட்டிகளாக நின்று அறிவை ஆயுதமாக்கிக் காட்டியவர்கள் என்று தாமஸ் ஆல்வா எடிசன், சர் ஐசக் நியூட்டன், கலிலியோ, ஐன்ஸ்டீன், டார்வின் போன்ற விஞ் ஞானிகளை அடையாளம் காட்டலாம்.

ஒரு நாள் ஆப்பிள் மரத்தின் அடியில் நியூட்டன் அமர்ந்திருந்தார். அந்த வேளையில் மரத்திலிருந்து ஆப்பிள் பழம் கீழே விழுந்தது.

நியூட்டன் சிந்தித்தார்... ஏன் ஆப்பிள் பழம்மேலே போகாமல் கீழே விழுந்தது, பலரிடம் இது பற்றிக் கேட்டார். யாருமே தெளிவான பதில் கூறவில்லை.

ஒரு பொருளை மேல் நோக்கி எறிய வேண்டுமென்றால் விசையுடன் எறிய வேண்டும். விசையிருக்கும் வரையில் பொருள் மேலே செல்லும். விசை தீர்ந்தவுடன் அப்பொருள் பூமியை நோக்கிக் கீழே வரும்.

பல நாள்களாக இது பற்றிச் சிந்தித்தார். இறுதியில் அறிவின் வழிநின்று பூமிக்கு ஈர்க்கும் சக்தி உள்ளது என நியூட்டன் கண்டு பிடித்தார். இதுவே புவியீர்ப்பு விசைக் கருத்தாக அறிவியலில் மலர்ந்தது.

36

இருவகைத் துயில் (தூக்கம்)

நாம் உறங்கும் போது அறிவும், உணர்வும் மங்கி சுற்றுப்புறத்தில் என்ன நடக்கிறது என்பதே தெரியாமல் கல்லாகக் கிடக்கிறோம். இதுவே நித்திரை (துயில்). இது அறியாமை இருளில் நிகழும் "இருள் தூக்கம்".

ஆனால், "அரவணைப் பள்ளியில் அறிதுயில் அமர்ந்த" என்று ஆன்றோர் பாடிய, காக்கும்

தெய்வமாகிய திருமால் திருப்பாற்கடலில் துயில்வதை, "யோக நித்திரை"யில் (வடமொழிச் சொல்) இருக்கிறார் என்று வழங்கினர். இது "அறிதுயில்". இது அறிவுநிலைப் பேரின்ப அருளில் நிகழும் "அருள் தூக்கம்".

"அறிதுயில்" (யோக நித்திரை) அல்லது "அருள் தூக்கம் என்றால் என்ன?

அறிவோடு கூடிய தூக்கமே அறிதுயிலாகும். பொதுவாக எல்லா உயிர்களிடத்தும் அறியாமைத் தூக்கமே நடைபெறுகிறது. ஆனால், தேவர்கள், தவயோகிகள் புலவர்கள் ஆகியோரிடத்தில் அருள் துயில் (தூங்காமல் தூங்குவது) நிகழ்கிறது. இதை,

"ஆங்காரமுள்ளடக்கி ஐம்புலனைச் சுட்டெரித்துத்
தூங்காமல் தூங்கிச் சுகம்பெறுவ தெக்காலம்?"

என்றார் ஆன்றோர்.

பகலில் உடல் கடுமையாக உழைக்கிறது. இதனால் உடம்பின் வலிமை குறைந்து இளைப்பு ஏற்படுகிறது.

பசியும், விடாயும் (தாகமும்) ஏற்படுகின்றன. உண்டபின் இரவில் உறங்கிவிட்டால் உடல் மீண்டும் வலிமை பெறுகிறது. இதேபோல, பகலில் உடம்பை அசையவிடாமலும், அறிவைச் செலவிடாமலும் வைத்துக்கொண்டால் சோறும், நீரும்

வேண்டுவதில்லை. இதே காரணிகளால்தான் இரவில் இவை தேவைப்படுவதில்லை. மேலும், தூக்கம் களைப்பையும் போக்கி விடுகிறது, இளைப்பையும் நீக்கிவிடுகிறது.

இதேபோல, அருளில் அறிதுயில் கொள்ளும்போதும் இளைப்பு நீங்கி விடுகிறது.

எப்படி?

பகலில், அறிவினால் அசைக்கப்படும் உடலின் பருப்பொருள்களாகிய தோல், எலும்பு, நரம்பு, செந்நீர் (இரத்தம்) போன்றவையே தேய்வடைகின்றன. ஆனால் அறிவு இயங்காத தூக்கத்தில் இவை தேய்வதில்லை.

ஆனால், திருவருள் வெளியில் அறிதுயிலில் ஈடுபடும் உயிரின் அறிவானது ஒளி, காற்று, மின்னல் போன்று நுண்பொருள்களால் ஆன நுண்ணுடம்பில் (சூக்குமசாரம்) இயங்குவதால் தேய்வடைவதில்லை. இதில் பருப்பொருள்கள் ஈடுபடுவதில்லை. எனவே, மேலான இன்பமே உண்டாகும். உலகப் பற்றில்லாத முனிவர்கள் தம் அறிவைப் புறத்திலிருந்து விடுவித்து முற்றிலும் அகத்தே திருப்பி இப்படித்தான் அறிதுயிலிலே இன்புற்றுக் கிடப்பார்கள். இவர்களது உடம்பிற்குப் பசி, நீர் வேட்கை இராது. (எ.கா.) சித்தர்கள்.

இப்படி நீண்ட அறிதுயிலில் ஆழ்ந்த சிலரைப் பேழையில் வைத்துப் புதைத்து ஒரு மாதம்வரையிலும் அருள்தூக்கத்தில் ஆழ்த்தி வைத்து, பின்னர் வெளியிலெடுத்துப் பார்த்தனர். அவர்களது உடம்பிற்கும், உயிருக்கும் எதுவும் நேரவில்லை. மாறாக, உடம்பின் செழுமை கூடியிருந்தது! ஆனால், நாம் கொள்ளும் இருள் தூக்கத்திலோ காலையில் அறிவு புறச் செயல்களில் ஈடுபட, பருவுடம்பு இளைப்படைந்து, நீங்கி மீண்டும் உழைத்துத் தேய்கிறது.

இனி அருள் தூக்கத்தினால் ஏற்படும் பயன்கள் யாவை?

நன்மைகள் நிறைய உண்டு. இருள் துயிலிலிருந்து அருள் துயிலுக்குச் செல்லப் பழகி விட்டால், பல நோய்களும் குணமாகின்றன. மலடு நீங்கும், ஆண்தன்மை கூடும். நினைவாற்றல் பெருகும். கல்வி வளர்ச்சி காணும். தீய பழக்கங்கள் மாறி நல்வழிகளில் நாட்டம் ஏற்படும்.

எனவே இந்த வியப்பான அறிதுயிலை அறிந்து பழகிப் பயனடைவோம்.

அறிந்து கொள்வோம்!

டார்வின்

பழைமைவாதிகள் கலிலியோவின் கருத்தை ஏற்க மறுத்தனர். தண்டனை விதித்தனர். நீண்ட காலம் வரை போப்பாண்டவரின் சபைகள் அப்படியே வைத்திருந்த அந்தத் தண்டனையை பின்னர் வந்தவர்கள் நீக்கினர். கலிலியோ கருத்தை ஏற்றனர். அவனுக்கு ஆரம்பத்தில் உதவிய அறிவு . . . பல ஆண்டுகளுக்குப் பிறகு அவனை ஏற்றுக் கொண்டவர்களுக்கும் உதவியது.

அதில் ஒருவனது பெயர் டார்வின். மனிதன் இறைவனால் படைக்கப்பட்டான் என்கிற கருத்தை அவன் மறுத்தான். காடுகளுக்குள் அலைந்தான். இரண்டு கைகளிலும் பறந்து திரிகிற பூச்சிகளைப் பிடித்தான். சில பூச்சிகளை வாயிலும் போட்டுக் கொண்டான். அவை அவனைக் கடித்தன. பொறுத்துக் கொண்டான். அறிவின் துணை கொண்டு ஆராய்ந்தான். உயிரினங்களின் தோற்றத்தைக் கண்டுபிடித்தான்.

உயிரினங்கள் பரிணாம வளர்ச்சி அடைந்து மனிதன் என்கிற உன்னத நிலையை அடைந்த வரலாற்றைக் கண்டுபிடித்தான். குரங்கின் படிப்படி யான வளர்ச்சியே மனிதன் என்று உலகிற்குப் பறைசாற்றினான்.

37

கவச வாகனங்களின் நீர்நிலை கடக்கும் திறன்

பி. சிவகுமார்

இந்திய இராணுவத்திற்கான கவச வாகனங்கள் எல்லையிலுள்ள பாலைவன மணல் மேடுகள் மற்றும் சேறு சகதிகள் நிறைந்த வயல்வழிப் பாதைகளைக் கடந்து எதிரிகளை எதிர்கொள்வதற்காக வடிவமைக்கப்பட்டு வருகின்றன. பல தடைகளைத் தாண்டிச் செலுத்த வேண்டிய அவ்வூர்திகளின் ‘தரையில் பதியும் ட்ராக்கின் நீளம்’ கடக்கக்கூடிய பள்ளங்களின் அகலத்தையும்

முன்னேறிச் செல்ல ஏதுவாகச் சாய்ந்து நிற்கும் ட்ராக்கின் கோணம் கடக்கக்கூடிய உயரத் தடைகளின் உயரத்தையும் நிர்ணயிக்கின்றன. இவ்வாறெனின் நீர்நிலைகளைக் கடப்பதற்கும் என்னென்ன வழிமுறைகள் தேவை என்பதைக் காண்போம்.

ஒரு கவச ஊர்தி நீர்நிலையினைக் கடக்கும் போது, ட்ராக்கார்டு உயரத்திற்குச் சற்று கீழே நீரோட்டம் இருப்பின் அதற்குக் கீழேயுள்ள அனைத்து இடைவெளிகளும் துவாரங்களும், நிரந்தரமாக நீர்புகா வண்ணம் அடைக்கப்பட்டிருப்பதால், அதிக முன்னேற்பாடுகள் இன்றி கடந்து செல்ல இயலும். இதை "முன்னேற்பாடுகள் தேவையற்ற குறைந்த ஆழமுள்ள நீர்நிலை கடத்தல்" எனலாம். அதே சமயம் ட்ராக்கார்டு உயரம் துவங்கி உச்சியில் உள்ள கமாண்டர் துவாரத்திற்கு அரை அடிக்குக் கீழ்வரை நீரோட்டம் இருப்பின், தற்காலிகமாக அடைப்புகள் ஏற்படுத்த முன்னேற்பாடுகள் அவசியமாகின்றன. இதைத்தான் முன்னேற்பாட்டுடன் கூடிய மித ஆழமுள்ள நீர்நிலை கடத்தல் என்கிறோம். தற்காலிகமாக அடைப்புகள் ஏற்படுத்தத் தேவையான சீல், குரோமெட், காஸ்கட், புட்டி என்னும் களிம்பு, அனபாண்ட், நீர் மற்றும் வாயு வெளியேறும் விரிவாக்கக் குழாய்கள், ஒருவழி வால்வுகள், மூடித்தகடுகள் ஆகியவற்றுடன் கூடிய உதவிப்பெட்டி ஊர்தியில் பொருத்தப்பட்டிருக்கும்.

போர் உத்திகளில் முதன்மையானது, குறித்த நேரத்திற்குள் போருக்கான ஆயத்தங்களை முடிப்பதாகும். நீர்நிலை

கடக்கும்போதும் செய்தித்தொடர்பு மற்றும் திசையறியும் சாதனங்களைத் தயார்நிலைக்குக் கொண்டு வருவதாயினும் நீர்நிலையைக் கடந்தபின் ஊர்தியை முந்திய நிலைக்குக் கொண்டுவரும் பின்னேற்பாடுகளாயினும் நேரம் கடந்தால் எதிரிகளுக்குச் சாதகமாகிவிடும். நீர்நிலையைக் கடந்தவுடனேயே பொருத்திய எதையும் கழட்டாமலேயே எதிரிகளைத் தாக்கும் முழுத்திறனுக்கும் ஊர்தி தயார் நிலையில் இருக்க வேண்டும்.

தற்சமயம் கவச ஊர்திகளின் நீர்நிலை கடக்கும் திறன் மிகவும் அவசியமான தேவையாக மாறிவிட்டதால், முழுப் பணிக்காலத்தில் எப்போதோ ஒரு முறை மேற்கொள்ளப்படும் நீர்நிலை கடக்கும் இயக்கத்திற்காக, இருபது ஊர்திகளுக்கு ஒரே ஒரு ஊர்தியைத் தொழிலகத்திலேயே நீர் நிரம்பிய பள்ளத்தில் சோதனை ஓட்டத்திற்கு ஒரு சடங்கு போல் பரிசோதித்தது போய், ஒவ்வொரு ஊர்தியும் மிகக் கடுமையான சோதனைகளை நீர்நிலையைக் கடந்து நிகழ்த்திக் காட்டி ஒப்புதல் பெறும் சூழ்நிலை ஏற்பட்டுவிட்டது.

இதனால் முதல் பதினான்கு அர்ஜுன் ஊர்திகளை மொத்தமாக 52 முறை திண் ஊர்தி தொழிற்சாலையிலுள்ள சோதனை நீர்த்தொட்டியில் கடுமையான சோதனைகளுக்கு உட்படுத்தி நமது CVRDE குடும்பத்தினரின் அரிய முயற்சிகளால் இன்று பயிற்சி இல்லாத வீரர்கூட முன்னேற்பாட்டு நிகழ்வுகளை மிக எளிதாகக் கையாளும் ஒழுங்குமுறை வரையறுக்கப்பட்டு விட்டது.

நீர்நிலையைக் கடக்கும் திறனுக்கான சோதனை

இரண்டரை மணி நேர முன்னேற்பாட்டு நிகழ்வுகள் நான்கு பணியாளர்களைக் கொண்டு இருப்பதே நிமிடத்தில் நிகழ்த்தப்

பட்டு, களிம்பு போன்ற அடைப்பான்களின் தேவைகள் குறைக்கப்பட்டு, உயர்தர இரப்பர் மற்றும் இரப்பர் அமரும் தகடுகளின் உயர்தர மேற்பரப்புகள் வடிவமைக்கப்பட்டதில், ஒரு நீர்த்துளிகூட ஊர்தியின் உட்புறம் நுழையாமல், ஆய்வு செய்தோர் மற்றும் பார்வையிட வந்த அனைத்து முக்கியப் பிரமுகர்களின் பாராட்டுக்கள் பல குவிந்தன.

ஹிஸ்ஸாரில் சமீபத்தில் நிகழ்த்தப்பட்ட ஒப்பீட்டுச் சோதனையிலும் அர்ஜுன் ஊர்தியின் நீர்நிலை கடக்கும் திறன் வெகுவாகப் பாராட்டப்பட்டது.

38

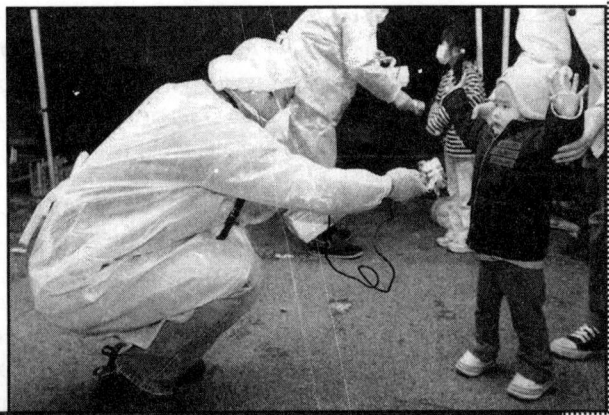

கடற்கரையில் நிறுவியுள்ள கூடங்குள அணு உலைகளில் புகுஷிமா விபத்துக்கள் போல் நேருமா?

சி. ஜெயபாரதன்

ஜப்பான் புகுஷிமா அணு உலைகள் வெப்பத் தணிப்பு நீரனுப்ப முடியாது மேற்தளங்கள் வெடிப்பதைத் தொலைக் காட்சியில் நேராகக் கண்டு அதிர்ச்சி அடைந்த பொது மக்களுக்குத் தமிழகத்தின் தென்கோடிக் கரையில் கட்டப்பட்டு இயங்கப் போகும் கூடங்குளம் ரஷ்ய அணு உலைகளின் அபாயப் பாதுகாப்பு பற்றிப் பல ஐயப்பாடுகள்

எழுந்துள்ளன. இந்திய அணுமின் நிலையங்களைக் கட்டி வரும் நிறுவனத் தலைமையகம் (Nuclear Power Corporation India Ltd (எ) NPCIL) புகுஷிமாவில் சுனாமிப் பேரலைகள் விளைவித்த அணு உலைப் பேராபத்துகள் போல் கூடங்குளத்தில் நேராது என்று அழுத்தமாய் உறுதி அளித்துள்ளது. இரு நாட்டு அணுமின் நிலையத் தளங்கள் வெகு தூரத்தில் அமைக்கப் பட்டிருந்தாலும் கடற்கரையைச் சுனாமி தாக்கக் கூடிய அபாயத் தளங்களாக அவை இரண்டும் கருதப்படுகின்றன. அத்தகைய கோரப் பேரலை விபத்துகள் கூடங்குள அணு உலைகளில் நேரும் என்று தனியாகக் கேரள பொறியியல் குழுவினர் (Kerala State Centre of The Institution of Engineers India) பங்கெடுத்த கருத்தரங்கு மார்ச் 30, 2011 தேதி திருவனந்தபுரத்தில் நிகழ்ந்தது. அந்தக் கருத்தரங்கின் முக்கிய முடிவுகளைத்தான் இக்கட்டுரை சுருக்கிக் கூறுகின்றது.

கூடங்குளத்தில் முதன்முறை இயங்கப் போகும் ரஷ்ய இரட்டை VVER அணுமின் நிலையம் 1986 இல் நேர்ந்த செர்நோபில் விபத்துக்குப் பிறகு 'மூன்றாம் பிறப்பு முறைப்பாட்டில்' (Third Generation Design) செம்மைப் படுத்தப் பட்ட முற்போக்கு அணுமின் உலைகள் என்று IAEA அறிவிக்கிறது. 2004 இல் அடித்த இந்து மாக்கடல் சுனாமிப் பேரலை விளைவை ஆய்ந்து அணுமின் உலைச் சாதனங்களும், கட்டிடமும் கடல் வெள்ளம் மூழ்கி விடாதபடி கடல் மட்டத்துக்கு மேல் 25 அடி உயரத்தில் அமைக்கப் பட்டுள்ளன.

1. அணு உலை எரிக்கோல் உருக்கைத் தாங்கும் கும்பா

அபாய வெப்பத் தணிப்பு நீரின்றிக் கூடங்குளம் அணு உலை எரிக்கோல்கள் உருகிப் போனால் அந்த கனல் உலோகத் திரவத்தை ஏந்தி உருக்கை ஏற்றுக் கொள்ள குவளைச் சாதனம் (Core Melt Catcher) ஒன்று அணு உலைக்கு அடியில் அமைக்கப் பட்டுள்ளது. வெப்பத் தணிப்பு நீரின்றி எரிக்கோல்களின் உருக்குத் திரவம் உண்டாவது ரஷ்யன் VVER அணு உலைகளில் எதிர்பார்க்க முடியாத ஓர் அபூர்வ நிகழ்ச்சியாகும்.

ஹைடிரஜன் வாயு பேரளவில் சேமிப்பாகி வெடிப்பைத் தூண்டாதிருக்க கூடங்குள அணுமின் நிலையத்தில் அது ஆக்சிஜனோடு தீவிரமாய்க் கலந்து வெடிக்காது. ஹைடிரஜன்

இணைப்பிகள் (Hydrogen Recombiners) என்னும் சிறப்புக் சிமிழ்கள் அமைக்கப்பட்டுள்ளன. அதில் ஹைடிரஜன் மெதுவாய் ஆக்ஸிஜனுடன் சேர்ந்து நீராகும்படி செய்யப்படுகிறது. இந்தச் சிறப்புச் சாதனங்கள் அணு உலையில் ஹைடிரஜன் வாயு தீவிர வெடிப்பளவாய்ச் (‹4%) சேராதபடித் தடுக்கின்றன. நிலநடுக்கம், சுனாமிப் பேரலை அடிப்புகள் சாதனங்களைப் பாதிக்காதபடி கூடங்குளம் ரஷ்ய அணுமின் உலைகள் டிசைனில் மேம்பாடு செய்யப்பட்டுக் கட்டப்பட்டுள்ளன.

2. கூடங்குள அணு உலை இயக்கப் பாதுகாப்பு ஏற்பாடுகள்

கூடங்குள அணுமின் நிலையத் திட்டத்தின் பாதுகாப்பு நெறிப்பாடுகள் (Safety Aspects of Kudungulam Power Project) என்னும் தலைப்பில் அணுமின் நிலைய டைரக்டர் காசிநாத் பாலாஜி தலைமையில் ஒரு தனிக் கருத்தரங்கு நடந்தது. அந்தக் கருத்தரங்கில் நிலநடுக்கத்தைத் தாங்கிக் கொள்ளும் அணுமின் உலை அரண், கட்டடங்கள், துணைச் சாதனங்கள், பாதுகாப்பு ஏற்பாடுகள், ஆட்சி அறை, டர்பைன் ஜனனி, அவற்றின் துணை ஏற்பாடுகள் ஆகியவற்றின் டிசைன் திட்ட அமைப்பாடுகள் அறிவிக்கப்பட்டன.

அத்துடன் வெப்ப வேறுபாட்டாலும், ஈர்ப்பு விசையாலும் மேலும் கீழும் சுற்றும் நீரோட்டம் (Natural Circulation By Heart & Gravity) நிகழும்படி நீராவி மாற்றிகள் அணு உலைக்கு மேல் மட்டத்தில் இணைக்கப்பட்டுள்ளன.

ஒவ்வோர் அணுமின் உலைக்கும் அபாயத் தேவைக்கு மின்சாரம் அனுப்ப தனிப்பட்ட நான்கு மின்சார டீசல் எஞ்சின் ஜனனிகள் தானாக இயங்கத் தயாராகக் காத்துக் கொண்டிருக்கின்றன. நான்கில் ஒரு டீசல் மின்சார இணைப்பே அபாயத் தணிப்பு நீரனுப்பப் போதுமானது. டீசல் ஜனனிகள் கடல் மட்டத்திலிருந்து 30 அடி (9 மீட்டர்) உயரத்தில் அமைக்கப் பட்டுள்ளன. டீசல் ஜனனிகள் ஓட்டும் நீரனுப்புப் பம்புகளும் பாதுகாப்பான இடத்தில் நிறுவப் பட்டுள்ளன. ஏதோ ஒரு காரணத்தால் டீசல் எஞ்சின் இயங்க முடியாது போனால் ஓய்வு வெப்பத் தணிப்பு ஏற்பாடுகள் (Two Passive Heat Removal Systems) உடனே இயங்க ஆரம்பிக்கும். அவற்றில் முதலில் இயங்கும் 12 நீரழுத்த கலன்கள் போரான் நீரை அணு உலைக்குள் விரைவாகச் செலுத்தும்.

3. இரட்டை ஓய்வு வெப்பத் தணிப்பு ஏற்பாடுகள்
(Two Passive Heat Removal Systems)

1. 12 நீரழுத்த கலன்கள் போரான் நீரை விரைவில் அணு உலைக்குள் செலுத்துவது.
2. ஈர்ப்பு விசையால் அணு உலை எரிக்கோள்களுக்குத் தானாய் இயங்கும் வெப்பத் தணிப்புச் சுற்று நீரோட்டம் நிகழ்த்துவது.

அணுமின் நிலையம் இயங்குவதற்கு முன்பு இறுதிச் சோதனையாக அபாயப் பாதுகாப்பு பயிற்சிகள் (Emergency Safety Drills) கூடங்குள நகராண்மை மக்களுக்குக் காவல்துறை உதவியோடு நடத்தப்படும்.

39

அணு ஆயுதக் கழிவுகள்

இருபதாம் நூற்றாண்டு தொழிற் புரட்சியிலே உலக நாடுகளில் எழுந்த ஆயிரக்கணக்கான இரசாயன தொழிற்சாலைகள் - நூற்றுக்கணக்கான அணுமின்சக்தி நிலையங்கள் போன்றவற்றில் வெளியாகும் திரவ, கடின, வாயுக் கழிவுகளின்றி அவை தொடர்ந்து இயங்க முடிவதில்லை. அந்த யந்திர இயக்க உற்பத்திக் கூடங்கள் டிசைன் ஆகும் போதே அவற்றின்

கழிவுகளைச் சூழ்வெளிப் பாதக விளைவுகளின்றி எப்படிப் பாதுகாப்பாய்க் கையாளுவது, புதைப்பது, கண்காணிப்பது என்ற விளக்கமான வினை முறைகளும் கண்டறிந்து திட்டம் தயாரிக்கப்பட வேண்டும். இந்தியாவில் கடந்த 50 ஆண்டுகளுக்கு மேல் 10க்கும் மேற்பட்ட அணு ஆய்வு உலைகள், பிறகு அடுத்தடுத்துத் தொடங்கிய 20 அணு மின்சக்தி நிலையங்கள், அணுக்கரு எரிக்கோல் தயாரிப்புச் சாலைகள், தீய்ந்த எருக்கழிவுகள் சுத்திகரிப்புக் கூடங்கள் வெளியாக்கும் அணுக்கதிர் கழிவுகளை எப்படி நீண்டகாலப் புதைப்பில் அடக்கம் செய்வது என்பதைத் தேசீயப் பாதுகாப்புச் சட்டத்தின் கீழ் அரசாங்கம் மறைத்து வைத்துள்ளது.

தற்போது ஆஸ்டிரியா, வியன்னாவில் உள்ள பன்னாட்டு அணுத்துறைப் பேரவையின் (International Atomic Energy Agency (IAEA) ஆலோசனைப்படி உலக நாடுகளில் கீழ்நிலை, இடைநிலை, உயர் நிலைக் கதிர்வீச்சுக் கழிவுகளுக்காக பலவிதக் குழிகளும், பாதாளக் கிடங்குகளும் அமைப்பாகியுள்ளன. அம்முறையில் நூற்றுக்கும் மேற்பட்ட கீழ்நிலைச் சேமிப்புக் குழிகள் பயன்பட்டு வருவதோடு, 42 புதிய பூதளக் கிடங்குகளும் டிசைன் செய்யப் பட்டு, விருத்தியடைந்து தயாராகி வருகின்றன. உலக நாடுகளில் அணு ஆயுதத் தயாரிப்பு, ஆராய்ச்சி அணு உலைகள், மின்சக்தி அணு உலைகள் இயக்கம், முதுமை எய்திய அணு உலைகள் முடக்கம், அணுவியல் எருக்கள் தனித்தெடுப்பு, சுத்திகரிப்பு, எரிக் கோல்கள் வடிப்பு (Fuel Fabrication), செறிவு யுரேனியத் தயாரிப்பு (Uranium Enrichment), தீய்வு எரிக் கோல்கள் மீள் சுத்திகரிப்பு ஆகிய பல் வேறு பணிகளால் அனு தினமும் கதிர்வீசும் கழிவுகள் சேர்ந்து கொண்டே போகின்றன! IAEA அகில நாடுகளின் அனுபவக் கூட்டறிவையும், பயன்படும் தனியறிவையும், முன்னேறும் நாடுகளுக்கும், தேவையான பிற நாடுகளுக்கும் அளித்து, அணுத்துறைக் கழிவுகள் பாதுகாப்பாக அடக்கமாவதற்கு உதவி செய்து வருகிறது. அணுமின் சக்தி உற்பத்திச் செலவில் பத்தில் ஒரு பங்கு செலவே, அதன் கதிர்வீச்சுக் கழிவுகள் புதைப்புக்குத் தேவைப்படுகிறது!

கதிர்வீச்சுக் கழிவுகள் அடக்கமாகும் புதைப்புத் தளம் தேர்ந்தெடுப்பு

புதைப்புத் தளம் ஒன்று தேர்ந்தெடுக்கப்பட வேண்டுமானால், அது பல தகுதி விதி முறைகளை நிறைவேற்ற வேண்டும். 1. பூதளவியல் பண்பு 2. பூதள நீரோட்ட அமைப்பு 3. பூதள

இரசாயனவியல் பாதிப்பு 4. பூதள அதிர்வு அபாயம் 5. மேற்பரப்பு இயக்கம் 6. காலநிலைப் பாதிப்பு 7. மனிதர் தூண்டும் நிகழ்ச்சிகள் 8. கழிவுகளை அகற்ற வாகனப் போக்குவரத்து வசதி 9. பூதளப் பயன்பாடு 10. மக்கள் வசிக்கும் அடர்த்தி 11. சூழ்வெளிப் பாதுகாப்பு முறைகள் 12. முக்கியமாக இறுதியில் பொதுநபர் அங்கீகாரம் இவற்றுடன் மத்திய அரசு, மாநில அரசு, மாவட்ட அரசு ஆகியவற்றின் அழுத்தமான உடன்பாடு, உறுதிப்பாடு, முடிவில் ஒப்பந்தம்!

உலக நாடுகளில் பலவிதப் புதைப்புக் கிடங்குகள் வடிவமைப்புச் செய்யப்பட்டுள்ளன. அவற்றில் 62% அமைப்புகள் தரை மட்டத்துக்கு 34 அடிக்குக் (40 மீட்டர்) கீழ் உள்ளன. 18% எளிதான தரை மட்ட ஏற்பாடுகள். 7% சுரங்கப் பாதாளக் குழிகள். 4% 2000-4000 அடிக்குக் கீழான பூதளக் கிடங்குகள்.

அறிவியலில் ஆராய்ச்சி செய்தால் நோபல் பரிசு உங்களுக்கு

05.03.2010 அன்று அண்ணா பல்கலைக்கழகத்தில் நடைபெற்ற நிகழ்ச்சியில் பாரத முன்னாள் ஜனாதிபதி டாக்டர் அப்துல் கலாம் அவர்கள் பேசும்போது, நாட்டின் எதிர்கால வளர்ச்சிக்கு "புதிய அறிவியல் ஆராய்ச்சிப் பணிகள் மிகவும் அவசியம் என்றும் குறிப்பாக ஆராய்ச்சியில் ஆர்வம் உள்ள இளைஞர்களை அடையாளம் கண்டு ஊக்குவிக்க வேண்டும் என்றார்.

நானோ தொழில்நுட்பம், உயிரி தொழில் நுட்பம், தோரியத்தை எரிசக்தியாக்குவது, இயற்கைச் சீற்றங்கள், குறிப்பாக நிலநடுக்கம் போன்ற துறைகளின் ஆராய்ச்சிப் பணி மேற்கொண்டால் "நோபல் பரிசு" உங்களுக்கு நிச்சயம் கிடைக்கும் என்று டாக்டர் அப்துல்கலாம் வலியுறுத்தினார்.

40

மூன்றாம் உலகப் போர்

வைரமுத்து

இயற்கையாலும், செயற்கையாலும் கூடி வரும் புவி வெப்பம் உலக விவசாயத்தின் மீது நிகழ்த்தி யிருக்கும் தாக்குறவு அளப்பரியது: ஆராய்ச்சியில் கண்ட செய்திகள் அதிர வைக்கின்றன.

லஞ்சம் பெருகப் பெருக இந்தியா வின் விழுமியங்கள் நொறுங்கு கின்றன. கங்கை உருக உருக சமவெளிகளில் வாழும் நாற்பது கோடி

இந்தியர்களின் உயிராதாரம் தீரப் போகிறது. இது உங்கள் துயரம் மட்டுமல்ல. உலகத் துயரமும் ஆகும்.

கிரீன்லாந்தின் ஐஸ்லாந்து இன்னும் நூறு ஆண்டுகளில் முற்றும் உருகி முடிந்துவிடும் என்கிறார்கள். அதனால் அரை மீட்டர் உயருமாம் கடல் மட்டம். கங்கையை உண்டாக்கும் இமயப் பனி உருகி முடிக்க இருபத்தைந்தே ஆண்டுகள் போதுமாம். இயற்கைக்கெதிராய்த் தொடுக்கும் போரில் மனிதன் அழியப் போகிறான். எல்லாம் புவிவெப்பமாதலின் அபாய அறிகுறி,

புவி வெப்பமாதல்தான் மீன்வள நாடுகளின் கரையோரக் கண்ணீருக்கும் காரணமாகிறது. மீன்வளம் மிக்க 33 கடலோர நாடுகள் புவிவெப்பத்தால் தங்கள் பவளப் பாறைகளை இழந்துவிட்டன. மீன்கள் இடம் மாறிவிட்டன, அல்லது இறந்துவிட்டன.

இந்த நேரத்தில் மீட்சி குறித்து ஐ.நாவில் உலக நாடுகள் விவாதிக்க வேண்டும்.

உடல் மட்டுமே மூலதனம் என்ற கற்காலக் கலாச்சாரத் திலிருந்து விவசாயி மீட்டெடுக்கப்பட வேண்டும்.

தண்ணீரும், மின்சாரமும் உபரியாய் உண்டாக்கப்பட வேண்டும்.

நவீனத் தொழில்நுட்பத்திற்கு விவசாயம் தாவ வேண்டும்.

விவசாயி கற்றவனாக வேண்டும்; அல்லது கற்றவன் விவசாயியாக வேண்டும்.

புவிவெப்பமாதலைக் குறைக்கும் பெரும்பணிக்கு வளர்ந்த நாடுகள் வலக்கரம் நீட்ட வேண்டும்.

பூமிப் பரப்பின் 33 விழுக்காடு வனப் பகுதிகளாய் வளர்க்கப் பட வேண்டும்.

உலகெங்கும் உணவுகள் மாறும்; உண்ணுதல் மாறாது; எல்லாருக்கும் உணவு வேண்டும்.

உலகெங்கும் இல்லங்கள் மாறும்; இருத்தல் மாறாது; எல்லாருக்கும் வீடுகள் வேண்டும்.

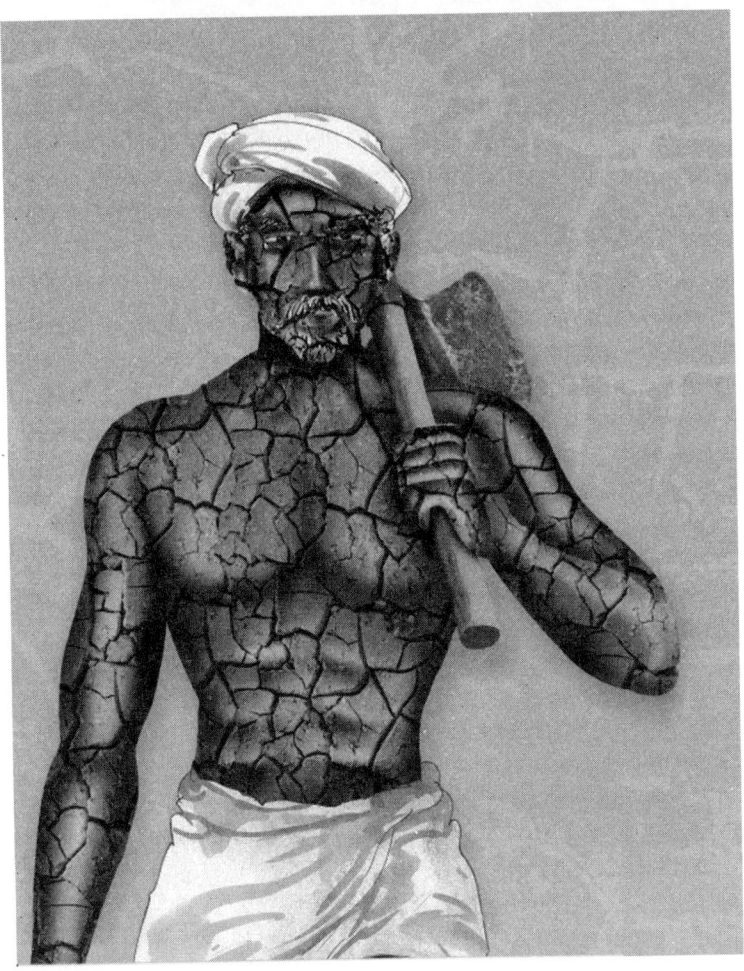

உலகெங்கும் உடைகள் மாறும்; உடுத்தல் மாறாது; எல்லோருக்கும் ஆடைகள் வேண்டும்.

இந்த மூன்றுக்கும் மூலமாய் விளங்கும் வேளாண்மையைக் காப்பது உலகக் கடமை. அந்த உலகக் கடமையின் தமிழ்ப் பங்குதான் இந்த 'மூன்றாம் உலகப் போர்'

உழைக்கும் மக்களுக்கான எழுத்து வேள்வி இது.

இந்த உலகின் எரியும் பிரச்சனைகளுக்கு மத்தியில் எரிக்க முடியாத பிரச்சனை குப்பை. வானத்தில் குப்பையைக் கொட்டுகின்றன வளர்ந்த நாடுகள். பூமியில் குப்பையைக் கொட்டுகின்றன வளரும் நாடுகள். தினக்கழிவுகளையும், திடக் கழிவுகளையும் ஜீரணிக்க முடியாமல் பூமியின் வயிறு புடைக்கிறது. வானக் கழிவுகளால் காற்று தொடும் தூரம் அழுக்காகிப் போகிறது.

நுகர்வுக் கலாச்சாரம் கண்டறிந்தவன், ஒரு கழிவுக் கலாச்சாரம் கண்டறியத் தவறிவிட்டான். மனிதன் கிழங்கு களும், கனிகளும் உண்டு, வேட்டை இறைச்சியை வெயிலில் வாட்டித் தின்று, புல்வெளியிலும், இலைகளிலும் கைதுடைத்துக் கொண்ட காலம் வரை, கழிவு மேலாண்மை தேவைப்படவில்லை. பிளாஸ்டிக்கையும், பெட்ரோலிய இழைகளையும் கண்டறிந்தவர்கள் கருதியிருக்க மாட்டார்கள்; மண்ணுக்கும், நெருப்புக்கும் எதிரான ஓர் உலகம் உண்டாகப் போகிறதென்று விஞ்ஞான மனிதன் வல்லவன். ஆனால் கொடியவன். மண்ணில் மக்கப் போகும் மனிதன், மண்ணில் மக்காத பொருளைக் கண்டறிந்து விட்டான். வளர்ந்த நாடுகளை வாடகைக்குக் கேட்கின்றன வளரும் நாடுகள். இன்று உலக நாடுகளுக்கெல்லாம் திடக் கழிவு மேலாண்மை ஒரு தீராத சவால். அதற்குத் தீர்வுகாணாவிடில் மக்காத பொருட்களின் படையெடுப்பு மக்கள் மீது நிகழ்ந்துவிடும். பிரியுங்கள் தோழர்களே... மக்கும் பொருள் மக்காப் பொருள்... எனப் பிரியுங்கள். சாவிலிருந்து வாழ்வைப் பிரிப்பதுபோல...!

குறிப்புகளுக்காக

குறிப்புகளுக்காக

குறிப்புகளுக்காக

குறிப்புகளுக்காக